案例视频精讲系列

ANSYS Workbench 项目应用
案例视频精讲

徐奇伟　张向阳　编著

电子工业出版社·

Publishing House of Electronics Industry

北京·BEIJING

内 容 简 介

本书详细介绍了 ANSYS 公司的有限元分析平台 Workbench 2022 的应用。通过本书的学习，读者不仅能掌握软件的基本操作，还能提高解决实际问题的能力。

全书共 13 章，第 1 章以各个分析模块为主线，介绍 ANSYS Workbench 2022 的界面、启动菜单设置及与常见 CAD 软件集成等内容。第 2～13 章以项目案例为指导，主要讲解 ANSYS Workbench 2022 的结构静力学分析、模态分析、谐响应分析、响应谱分析、随机振动分析、瞬态动力学分析、热力学分析、线性屈曲分析、流体动力学分析、显式动力学分析接触问题分析及多物理场耦合分析等内容。

全书结合视频教学以完全图表操作的方式讲解，结构严谨、条理清晰，非常适合 ANSYS Workbench 的初中级读者学习。本书既可作为高等院校理工科相关专业的教材，也可作为相关行业工程技术人员及相关培训机构教师和学员的自学用书。

图书在版编目（CIP）数据

ANSYS Workbench 项目应用案例视频精讲 / 徐奇伟，张向阳编著. —北京：电子工业出版社，2023.10
（案例视频精讲系列）

ISBN 978-7-121-46383-9

Ⅰ. ①A… Ⅱ. ①徐… ②张… Ⅲ. ①有限元分析—应用软件 Ⅳ. ①O241.82-39

中国国家版本馆 CIP 数据核字（2023）第 174146 号

责任编辑：许存权

印　　刷：北京七彩京通数码快印有限公司
装　　订：北京七彩京通数码快印有限公司
出版发行：电子工业出版社
　　　　　北京市海淀区万寿路 173 信箱　邮编　100036
开　　本：787×1092　1/16　印张：20.75　字数：532 千字
版　　次：2023 年 10 月第 1 版
印　　次：2024 年 7 月第 2 次印刷
定　　价：79.00 元

凡所购买电子工业出版社图书有缺损问题，请向购买书店调换。若书店售缺，请与本社发行部联系，联系及邮购电话：(010) 88254888，88258888。

质量投诉请发邮件至 zlts@phei.com.cn，盗版侵权举报请发邮件至 dbqq@phei.com.cn。

本书咨询联系方式：(010) 88254484，xucq@phei.com.cn。

前言

　　随着现代化技术的飞速发展，以有限元技术为主的 CAE 技术越来越得到重视，各行各业纷纷引进先进的 CAE 软件，以提升工程项目的质量及产品的研发水平。

　　ANSYS 公司的 ANSYS 系列软件就是在这种背景下诞生的有限元分析软件。目前的最新版为 ANSYS Workbench 2022，它提供 CAD 双向参数链接互动、项目数据自动更新机制、全面的参数管理、无缝集成的优化设计工具等功能，使 ANSYS 在"仿真驱动产品设计"方面达到了新的高度。

　　作为业界最领先的工程仿真技术集成平台，ANSYS Workbench 具有强大的结构、流体、热、电磁及其相互耦合分析功能，其全新的项目视图功能，可将整个仿真流程更加紧密地组合在一起，通过简单的拖曳操作即可完成复杂的多物理场分析流程。

　　本书作者拥有十余年的有限元仿真计算经验，在本书编写过程中，结合多年仿真计算经验，以实际工程案例系统地介绍了如何进行工程问题简化，如何在 Workbench 中进行网格处理、模型选取、参数设置及结构后处理等，帮助读者尽快掌握 Workbench 的应用。本书具有以下特点：

　　（1）示例典型、结构合理。本书在结构上以 Workbench 典型的物理应用模型为基础进行章节安排，并结合简化后的工程应用案例进行讲解，读者可以根据自己的实际需要选择对应的章节进行学习。

　　（2）视频教学、图表驱动。本书抛弃文字描述的讲解方式，采用图表驱动操作的方式讲解，更加便于读者学习操作；本书配有详细的在线视频讲解，帮助读者更好地理解作者进行工程问题简化思路、模型的选取及结果后处理过程，提高处理问题的能力。

　　（3）逻辑清晰、编排新颖。本书无论在问题求解思路还是内容编排上均采用了一种全新的读者更容易接受的方式，可以用较短的时间帮助读者学到更多的知识，并能尽快解决实际问题。

　　本书以 ANSYS Workbench 2022 中文版为软件版本进行编写，书中示例是根据 Workbench 的应用领域精心挑选的工程应用案例，并对模型进行了适当简化，有助于帮助读者掌握利用 Workbench 解决实际工程问题的方法。

　　虽然作者在编写过程中力求叙述准确、完善，但由于水平有限，书中难免存在欠妥之处，请读者及各位同仁批评指正。

　　本书配套资源包括书中所有案例的源文件及在线教学视频，读者结合教学视频及对应的案例源文件进行实操，可以起到事半功倍的效果。编者在"仿真技术"公众号中为读者提供技术资料分享服务，有需要的读者可关注"仿真技术"公众号。公众号中还提供技术答疑服务，解答读者在学习过程中遇到的疑难问题。

配套资源：本书的配套素材文件存储在百度网盘中，请根据下面的地址进行下载；教学视频已上传到 B 站，请读者在线观看学习。读者也可以通过访问"仿真技术"公众号获取教学视频的播放地址、素材文件的下载地址、与作者的互动方式等。

技术交流群（QQ 群）：806415628（入群密码：Ansys）

素材文件下载地址：https://pan.baidu.com/s/11OJtqtX5jizNlW6Jjm98KA

提取码：wonz

目 录

第1章

ANSYS Workbench 概述

本章对 ANSYS Workbench 2022 软件进行介绍并对其自带分析模块进行概述，同时对 ANSYS Workbench 2022 软件的平台界面、菜单栏、工具栏及工具箱等进行介绍。

学习目标

(1) 了解 ANSYS Workbench 软件；
(2) 掌握 ANSYS Workbench 软件平台操作界面；
(3) 掌握 ANSYS Workbench 软件平台的工具箱。

1.1 ANSYS 软件简介

ANSYS 提供广泛的工程仿真解决方案，这些方案可以对设计过程要求的任何场进行工程虚拟仿真。全球的诸多组织都相信 ANSYS 为它们的工程仿真软件投资带来了最好的价值。

ANSYS 软件是融结构、流体、电场、磁场、声场分析于一体的大型通用有限元分析软件，由美国有限元分析软件公司 ANSYS 公司开发，它能与多数 CAD 软件对接，实现数据共享和交换。ANSYS 软件主要包括 3 个部分：前处理模块、分析计算模块和后处理模块。

（1）前处理模块：提供了一个强大的实体建模及网格划分工具，用户可以方便地构造有限元模型。

（2）分析计算模块：包括结构分析（线性分析、非线性分析和高度非线性分析）、流体动力学分析、电磁场分析、声场分析、压电分析及多物理场的耦合分析，可模拟多种物理介质的相互作用，具有灵敏度分析及优化分析能力。

（3）后处理模块：可将计算结果以彩色等值线显示、梯度显示、矢量显示、粒子流迹显示、立体切片显示、透明及半透明显示（可看到结构内部）等图形方式显示出来，也可将计算结果以图表、曲线形式显示或输出。

此外，ANSYS Workbench 能与大多数 CAD 软件实现数据共享和交换，如 Pro/E、UG、AutoCAD、CATIA 和 SolidWorks 软件等。ANSYS Workbench 还能与主流的 CAE 软件进行数据交换，如 ABAQUS、NX、NASTRAN、I-DEAS 及 ALGOR 等。

ANSYS Workbench 支持第三方数据格式的导入功能，第三方数据模型的格式有：ACIS（SAT）、IGS/IGES、x_t/x_b、Stp/Step 等。

1.2 ANSYS Workbench 平台介绍

ANSYS Workbench 2022 平台的启动方法，如图 1-1 所示，此时可以单击 Workbench 2022 R2 按钮启动 Workbench 2022。

图 1-1　Workbench 2022 平台的启动方法

1.2.1　Workbench 平台界面

　　启动后的 Workbench 2022 平台如图 1-2 所示，平台界面由菜单栏、工具栏、工具箱、项目原理图等组成。

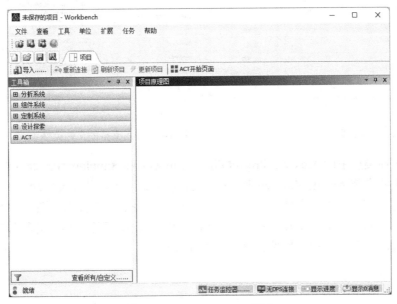

图 1-2　Workbench 2022 平台

1.2.2　菜单栏

　　菜单栏包括"文件""查看""工具""单位""扩展""任务"及"帮助"共 7 个菜单。下面对菜单中包括的主要子菜单及命令详述如下。

1. 文件菜单

　　文件菜单中的命令如图 1-3 所示，下面对文件菜单中的常用命令进行简单介绍。

　　（1）"新"：建立一个新的工程项目，在建立新工程项目前，Workbench 2022 软件会提示用户是否需要保存当前的工程项目。

　　（2）"打开…"：打开一个已经存在的工程项目，同样会提示用户是否需要保存当前的工程项目。

　　（3）"保存"：保存一个工程项目，同时为新建立的工程项目命名。

　　（4）"另存为…"：将已经存在的工程项目另存为一个新的项目名称。

　　（5）"导入…"：导入外部文件，单击"导入…"命令会弹出如图 1-4 所示的对话框，在"导入"对话框的文件类型栏中可以选择多种文件类型。

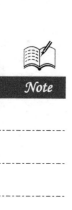

图 1-3　文件菜单

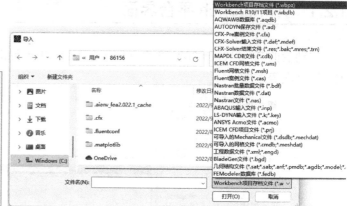

图 1-4　导入支持的文件类型

注：文件类型中的 Maxwell Project File（*.mxwl）和 Simplorer Project File（*.asmp）两种文件需要安装 Ansoft Maxwell 和 Ansoft Simplorer 两个软件才会出现。

（6）"存档"：将工程文件存档，单击"存档"命令后，在弹出如图 1-5 所示的"保存存档"对话框中单击"保存"命令；在弹出如图 1-6 所示的"存档选项"对话框中选择所有选项，并单击"存档"按钮将工程文件存档。

图 1-5　保存存档对话框

图 1-6　存档选项对话框

2．查看菜单

"查看"菜单中相关命令如图 1-7 所示，下面对"查看"菜单中的常用命令做简要介绍。

（1）"重置工作空间"：将 Workbench 2022 平台复原到初始状态。

（2）"重置窗口布局"：将 Workbench 2022 平台窗口布局复原到初始状态。

（3）"工具箱"：单击"工具箱"命令来选择是否隐藏左侧工具箱。

（4）"工具箱自定义"：单击此命令将在窗口中弹出如图 1-8 所示的"工具箱自定义"窗口，用户可通过单击各个模块前面的√来选择是否在"工具箱"中显示模块。

图 1-7　查看菜单

工具箱自定义窗口

		B		C		D		E	
1	☐	名称	▼	物理场	▼	求解器类型	▼	AnalysisType	▼
2		⊟ 分析系统							
3	☑	LS-DYNA		Explicit		LSDYNA@LSDYNA		结构	
4	☑	LS-DYNA Restart		Explicit		RestartLSDYNA@LSDYNA		结构	
5	☑	Motion		结构		AnsysMotion@AnsysMotion		瞬态	
6	☑	Speos		任意		任意		任意	
7	☑	电气		电气		Mechanical APDL		稳态导电	
8	☑	刚体动力学		结构		刚体动力学		瞬态	
9	☑	结构优化		结构		Mechanical APDL		结构优化	
10	☑	静磁的		电磁		Mechanical APDL		静磁的	
11	☑	静态结构		结构		Mechanical APDL		静态结构	
12	☐	静态结构（ABAQUS）		结构		ABAQUS		静态结构	
13	☐	静态结构（Samcef）		结构		Samcef		静态结构	
14	☑	静态声学		多物理场		Mechanical APDL		静态	
15	☑	流体动力学响应		瞬态		Aqwa		流体动力学响应	
16	☑	流体动力学衍射		模态		Aqwa		流体动力学衍射	
17	☑	流体流动 - 吹塑（Polyflow）		流体		Polyflow		任意	
18	☑	流体流动 - 挤出（Polyflow）		流体		Polyflow		任意	
19	☑	流体流动（CFX）		流体		CFX			
20	☑	流体流动（Fluent）		流体		FLUENT		任意	
21	☑	流体流动（Polyflow）		流体		Polyflow		任意	

图 1-8　工具箱自定义窗口

（5）"项目原理图"：单击此命令来确定是否在 Workbench 2022 平台上显示项目管理窗口。

（6）"文件"：单击此命令会在 Workbench 2022 平台下侧弹出如图 1-9 所示的"文件"窗口，窗口中显示了本工程项目中所有的文件及文件路径等重要信息。

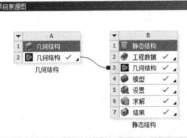

	A		B		C		D		E	
1	名称	▼	单...	▼	尺寸	▼	类型		修改日期	
2	char05-01.wbpj				68 KB		Workbench项目文件		2022/3/2 16:28:11	
3	Geom.agdb		A2,B3		2 MB		几何结构文件		2022/3/2 16:01:57	
4	char05-01.iges		A2,B3				几何结构文件			
5	act.dat				259 KB		ACT Database		2022/3/2 16:28:08	
6	EngineeringData.xml		B2		50 KB		工程数据文件		2022/3/2 16:28:09	
7	material.engd		B2		50 KB		工程数据文件		2022/3/2 14:40:24	
8	SYS.engd		B4		50 KB		工程数据文件		2022/3/2 14:40:24	
9	SYS.mechdb		B4		12 MB		Mechanical数据库文件		2022/3/2 16:27:38	
10	CAERep.xml		B1		15 KB		CAERep文件		2022/3/2 16:23:30	

图 1-9　文件窗口

（7）"属性"：单击此命令后再单击"B7 结果"表格，此时会在 Workbench 2022 平台右侧弹出如图 1-10 所示的"属性 原理图 B7：结果"对话框，对话框里面显示的是"B7 结果"栏中的相关信息，此处不再赘述。

3．工具菜单

"工具"菜单中的命令如图 1-11 所示，下面对"工具"中的常用命令进行介绍。

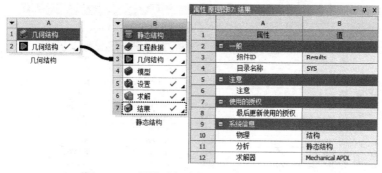

图 1-10 "属性 原理图 B7：结果"窗口　　　　图 1-11　工具菜单

（1）"刷新项目"：当上行数据中的内容发生变化，需要刷新板块（更新也会刷新板块）。

（2）"更新项目"：数据已更改，必须重新生成板块的数据输出。

（3）"选项"：单击此命令，弹出图 1-12 所示的"选项"对话框，对话框中主要包括以下选项卡。

①"项目管理"选项卡：在图 1-12 所示的选项卡中可以设置 Workbench 2022 平台启动的默认目录和临时文件的位置、是否启动导读对话框及是否加载新闻信息等参数。

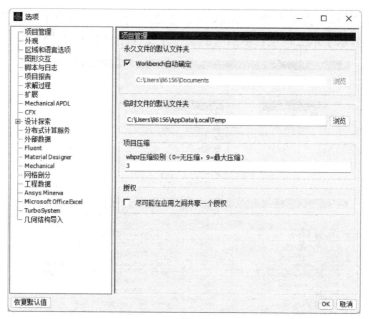

图 1-12　选项对话框

②"外观"选项卡：在图 1-13 所示的外观选项卡中可对软件的背景、文字颜色、几何图形的边等进行颜色设置。

③"区域和语言选项"选项卡：通过图 1-14 所示的选项卡可以设置 Workbench 2022 平台的语言，如修改操作语言为中文。

④"图形交互"选项卡：在图 1-15 所示的选项卡中可以设置鼠标对图形的操作，如平移、旋转、放大、缩小、多体选择等操作。

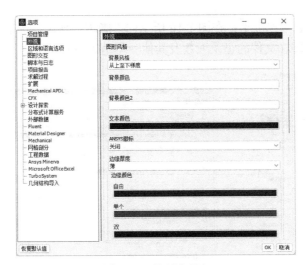

図 1-13　外观选项卡

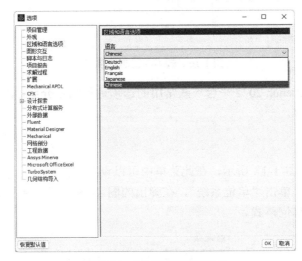

图 1-14　区域和语言选项卡

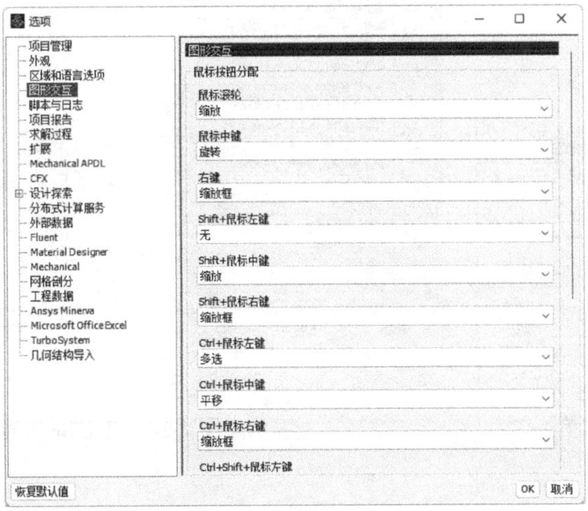

图 1-15　图形交互选项卡

⑤ "脚本与日志"选项卡：在图 1-16 所示的"脚本与日志"选项卡中可以设置记录文件的存储位置、日志文件的记录天数及其他一些基本设置选项。

图 1-16　脚本与日志选项卡

这里仅对 Workbench 2022 平台一些常用的选项进行简单介绍，其余选项请读者参考帮助文档的相关内容。

4．单位菜单

"单位"菜单如图 1-17 所示，在此菜单中可以设置国际单位、米制单位、美制单位及用户自定义单位，单击"单位系统"，在弹出的图 1-18 所示"单位系统"对话框中可以制定用户喜欢的单位格式。

图 1-17　单位菜单　　　　　　　　　图 1-18　单位系统对话框

5．帮助菜单

在"帮助"菜单中，软件可实时地为用户提供软件操作及理论上的帮助。

1.2.3　工具栏

Workbench 2022 的"工具栏"命令已经在前面菜单中出现，这里不再赘述。

1.2.4　工具箱

"工具箱"位于 Workbench 2022 平台的左侧，图 1-19 所示为"工具箱"中包括"分析系统""组件系统"等，下面针对主要模块简要介绍其包含的内容。

图 1-19　工具箱

1. 分析系统

"分析系统"中包括不同的分析类型，如静力分析、热分析、流体分析等，同时模块中也包括用不同种求解器求解相同分析的类型，如静力分析就包括用 ANSYS 求解器分析和用 Samcef 求解器分析两种。分析系统所包括的模块如图 1-20 所示。

注：在"分析系统"中需要单独安装的分析模块有 Maxwell 2D（二维电磁场分析模块）、Maxwell 3D（三维电磁场分析模块）、RMxprt（电机分析模块）、Simplorer（多领域系统分析模块）及 nCode（疲劳分析模块）等。读者需要单独安装这些模块。

2. 组件系统

"组件系统"包括应用于各种领域的几何建模工具及性能评估工具，组件系统包括的模块如图 1-21 所示。

图 1-20　分析系统

图 1-21　组件系统

3. 定制系统

在图 1-22 所示的"定制系统"中,除了有软件默认的几个多物理场耦合分析工具,Workbench 2022 平台还允许用户自己定义常用的多物理场耦合分析模块。

4. 设计探索

图 1-23 所示为"设计探索"模块,在"设计探索"模块中允许用户用以下工具对零件产品的目标值进行优化设计及分析。

图 1-22 定制系统

图 1-23 设计探索

下面用一个简单的实例来说明如何在用户自定义系统中建立用户自己的分析模块。

Step1 启动 Workbench 2022 后,单击左侧"工具箱"→"分析系统"中的"流体流动(Fluent)"模块不放,直接拖曳到"项目原理图"中,如图 1-24 所示,此时会在"项目原理图"中生成一个如同 Excel 表格一样的"流体流动(Fluent)"分析流程图表。

注:"流体流动(Fluent)"分析图表显示了执行"流体流动(Fluent)"分析的工作流程,其中每个单元格命令代表一个分析流程步骤。根据"流体流动(Fluent)"分析流程图表从上往下执行每个单元格命令,就可以完成流体的数值模拟工作。具体流程为由"A2 几何结构"得到模型几何数据,然后在"A3 网格"中进行网格的控制与划分,将划分完成的网格传递给"A4 设置"进行边界条件的设定与载荷的施加,然后将设定好的边界条件和激励的网格模型传递给"A5 求解"进行分析计算,最后将计算结果在"A6 结果"中进行后处理显示,包括流体流速、压力等结果。

Step2 双击"分析系统"中的"静态结构"分析模块,此时会在"项目原理图"中的项目 A 下面生成项目 B,如图 1-25 所示。

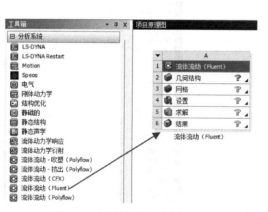

图 1-24 创建流体流动分析项目

图 1-25 创建结构分析项目

Step3　双击"组件系统"中的"系统耦合"模块，此时会在"项目原理图"中的项目 B 下面生成项目 C。

Step4　创建好 3 个项目后，单击"A2 几何结构"不放，直接拖曳到"B3 几何结构"中。

Step5　同样操作，将"B5 设置"拖曳到"C2 设置"，将"A4 设置"拖曳到"C2 设置"，操作完成后项目连接形式如图 1-26 所示，此时在项目 A 和项目 B 中的"求解"表中的图标变成了圙，即实现了工程数据传递。

注：在工程分析流程图表之间如果存在 ↘■（一端是小正方形），表示数据共享；如果存在 ↗●（一端是小圆点），表示实现数据传递。

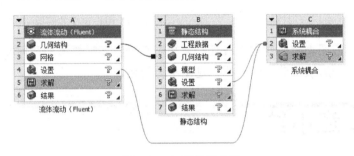

图 1-26　工程数据传递

Step6　在 Workbench 2022 平台的"项目原理图"中单击鼠标右键，在弹出的图 1-27 所示快捷菜单中选择"添加到定制"。

Step7　在弹出的图 1-28 所示"添加项目模板"对话框中输入名字为FLUENT<->Static Structural 并单击"OK"按钮。

图 1-27　快捷菜单　　　　图 1-28　添加项目模板对话框

Step8　完成用户自定义的分析模板添加后，单击 Workbench 2022 左侧"工具箱"下面的"定制系统"，如图 1-29 所示，刚才定义的分析模板已被成功添加到"定制系统"中。

Step9　双击"工具箱"→"定制系统"→FLUENT<->Static Structural 模板，此时会在"项目原理图"窗口中创建如图 1-30 所示的分析流程图表。

图1-29　用户定义的分析流程模板

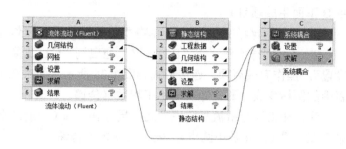

图1-30　用户定义的模板

　　注：分析流程图表模板建立完成后，要想进行分析还需要添加几何文件及边界条件等，这些内容将在后续章节一一介绍，这里不再赘述。

1.3　本章小结

　　通过本章的学习，读者应该对 Workbench 2022 平台界面的菜单栏、工具栏、工具箱等有基本的了解，了解了 Workbench 2022 平台各个系统中不同模块的基本功能及应用领域；同时读者应该初步掌握在用户自定义系统中创建自己喜欢的工程流程分析模块。

　　注：后续章节为叙述方便，对软件平台的叙述将不带"2022"字样。

第2章

结构静力学分析

结构静力学分析是有限元分析中最简单的，同时也是最基础的分析方法，一般工程计算中最经常应用的分析方法就是静力学分析。

本章首先对静力学分析的一般原理进行介绍，然后通过几个典型实例对 ANSYS Workbench 软件的结构静力学分析模块进行详细讲解，讲解分析的一般步骤，包括几何建模（外部几何数据的导入）、材料赋予、网格设置与划分、边界条件的设定、后处理操作等。

学习目标

(1) 熟练掌握 ANSYS Workbench 几何结构模块进行外部几何模型导入的方法；
(2) 熟练掌握 ANSYS Workbench 材料赋予的方法；
(3) 熟练掌握 ANSYS Workbench 网格划分的操作步骤；
(4) 熟练掌握 ANSYS Workbench 实体单元静力学分析的方法及过程。

2.1 铝合金杆静力学分析

本节主要介绍 ANSYS Workbench 几何结构模块的外部几何模型导入功能，并应用静力分析模块对模型进行静力学分析。

2.1.1 问题描述

图 2-1 所示为铝合金杆模型，请用 ANSYS Workbench 分析该铝合金杆前端端面固定、在上下两个端面的力均为 100N 时，铝合金杆的变形及应力分布。

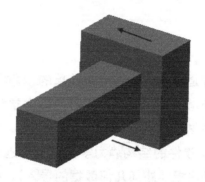

图 2-1　铝合金杆模型

2.1.2 建立分析项目

在 Workbench 平台内创建静态结构分析项目，如图 2-2 所示。

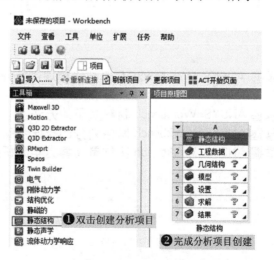

图 2-2　创建分析项目

2.1.3　导入几何模型

（1）导入几何模型，如图 2-3 所示。

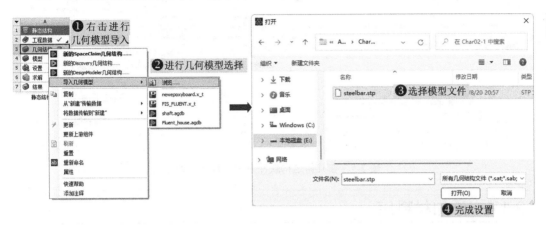

图 2-3　导入几何模型

（2）启动几何结构软件，如图 2-4 所示。

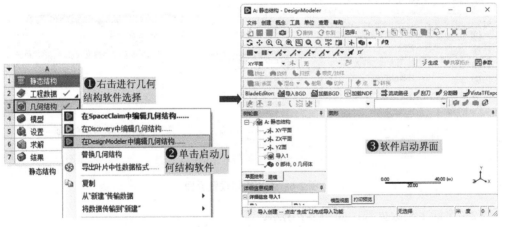

图 2-4　启动几何结构软件

Workbench 中的几何结构软件默认有 3 个模块，用鼠标右键单击可以进行软件模块选择，例如本案例选取的为 DesignModeler 软件。

（3）在几何结构软件中进行几何模型导入，如图 2-5 所示。

在 DesignModeler 软件中可以进行几何模型的修改，本案例不需要修改。

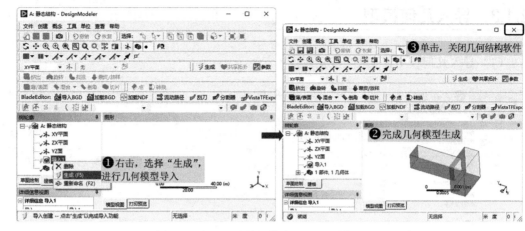

图 2-5　在几何结构软件中进行几何模型导入

2.1.4　添加材料库

（1）打开工程数据设置界面，如图 2-6 所示。

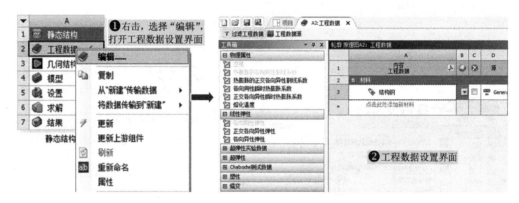

图 2-6　工程数据设置界面

（2）激活工程数据源，如图 2-7 所示。

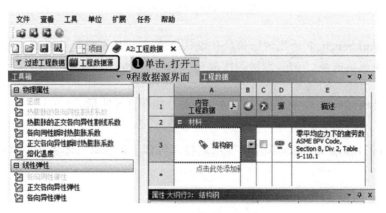

图 2-7　工程数据源界面

（3）添加"铝合金"材料，如图 2-8 所示。

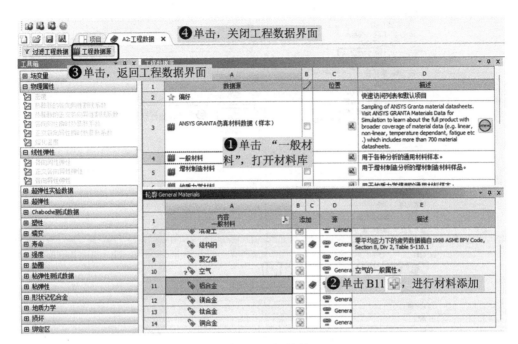

图 2-8　添加材料

2.1.5　添加模型材料属性

（1）启动静态结构分析模块，如图 2-9 所示。

图 2-9　启动静态结构分析模块

（2）进行材料属性设置，如图 2-10 所示。

图 2-10 材料属性设置

2.1.6 划分网格

进行网格尺寸划分设置，如图 2-11 所示。

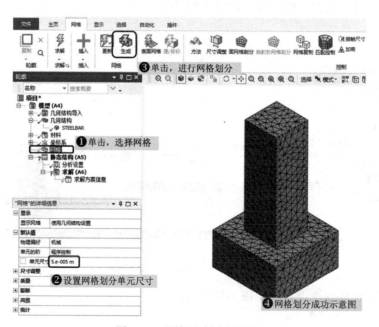

图 2-11 网格尺寸划分设置

2.1.7　施加载荷与约束

（1）添加固定支撑约束，如图 2-12 所示。

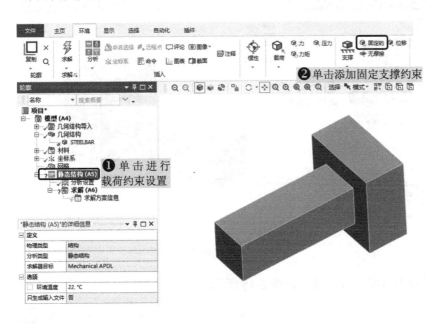

图 2-12　添加固定支撑约束

（2）进行固定支撑约束参数设置，如图 2-13 所示。

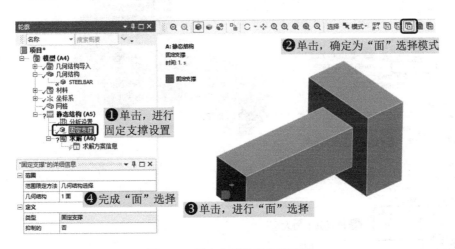

图 2-13　固定支撑约束参数设置

上述操作界面为设置完成后的示意图，后续类似的均为设置后的截图。

（3）添加力载荷设置，如图 2-14 所示。

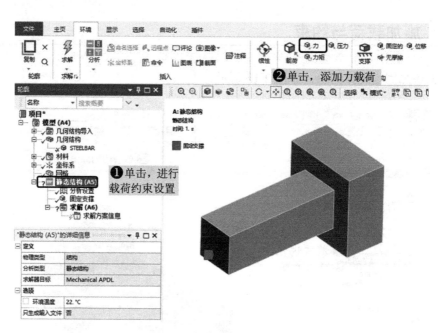

图 2-14　添加力载荷设置

（4）进行力载荷参数设置，如图 2-15 所示。

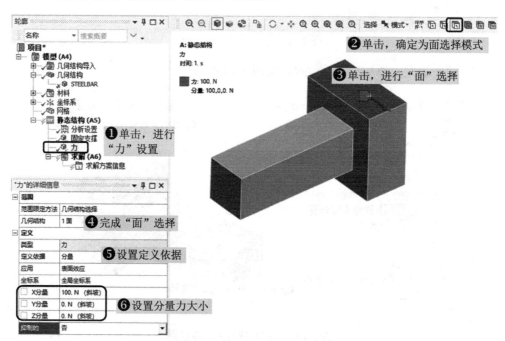

图 2-15　力载荷参数设置

（5）添加力 2 载荷设置，如图 2-16 所示。

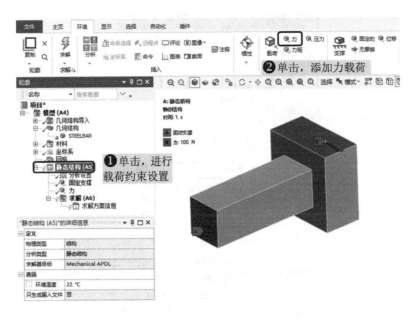

图 2-16 添加力载荷设置

（6）进行力 2 载荷参数设置，如图 2-17 所示。

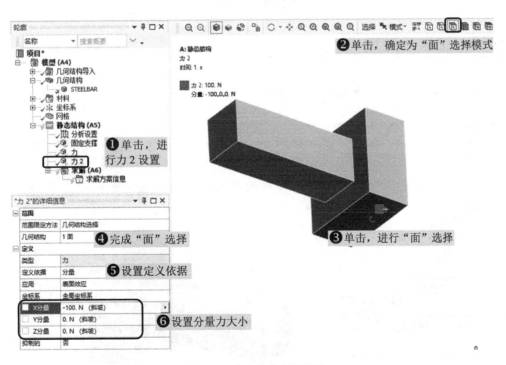

图 2-17 力 2 载荷参数设置

（7）进行求解设置并计算，如图 2-18 所示。

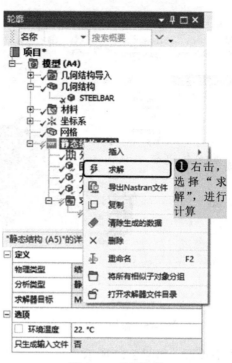

图 2-18　求解设置

2.1.8　结果后处理

（1）添加等效应力分析结果，如图 2-19 所示。

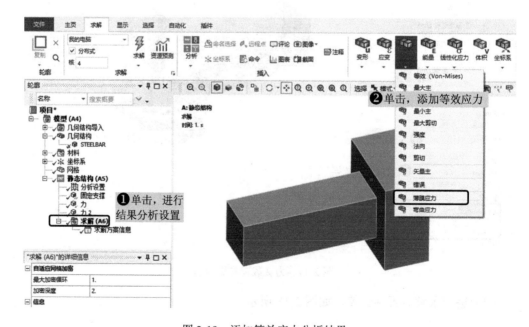

图 2-19　添加等效应力分析结果

（2）添加总变形分析结果，如图 2-20 所示。

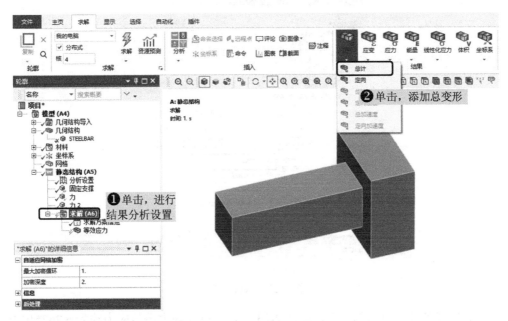

图 2-20 添加总变形分析结果

（3）添加等效弹性应变分析结果，如图 2-21 所示。

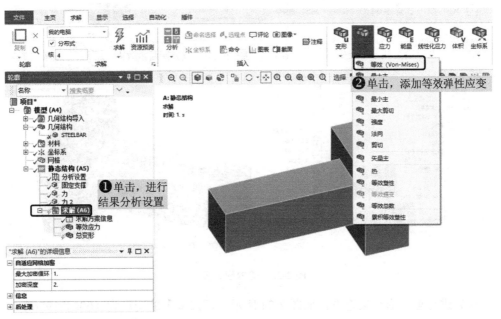

图 2-21 添加等效弹性应变分析结果

（4）进行求解设置并计算，如图 2-22 所示。

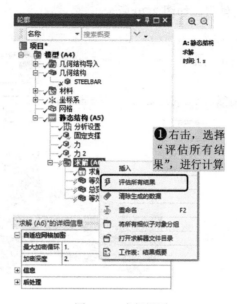

图 2-22　求解设置

（5）进行等效应力结果查看，如图 2-23 所示，可知最大等效应力约为 $6.767*10^9$Pa，最小等效应力约为 $9.045*10^6$Pa。

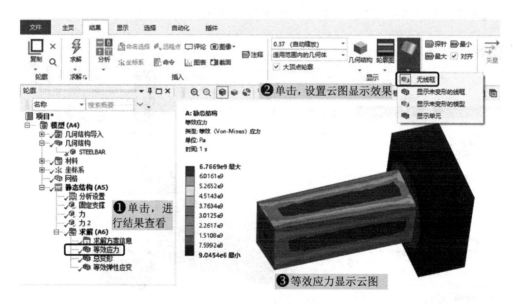

图 2-23　等效应力云图

（6）进行总变形结果查看，如图 2-24 所示，可知最大总变形为 0.00047195m。

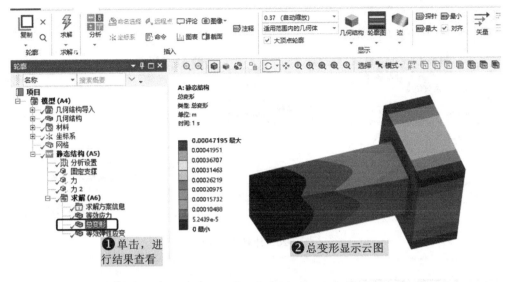

图 2-24　总变形云图

（7）进行等效弹性应变结果查看，如图 2-25 所示。

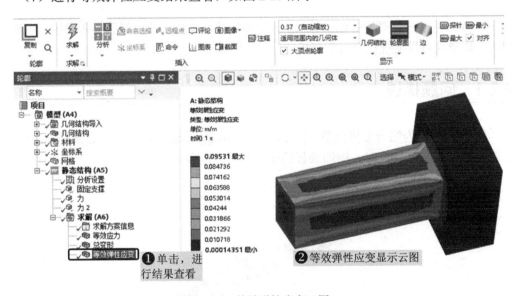

图 2-25　等效弹性应变云图

2.1.9　保存与退出

（1）单击 Mechanical 界面右上角的"✕"按钮，退出 Mechanical，返回到 Workbench 主界面。

（2）在 Workbench 界面进行文件保存，如图 2-26 所示。

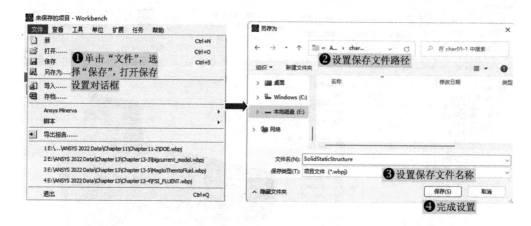

图 2-26　计算结果保存

2.2　铝合金圆杆静力学分析

本节主要介绍 ANSYS Workbench 几何结构模块的外部几何模型导入功能，并应用静力分析模块对模型进行静力学分析。

2.2.1　问题描述

图 2-27 所示为铝合金棒模型，请用 ANSYS Workbench 分析该铝合金圆杆端面固定、上端面的压力为 3000N 时，中间圆杆的变形及应力分布。

图 2-27　几何模型

2.2.2　建立分析项目

在 Workbench 平台内创建静态结构分析项目，如图 2-28 所示。

图 2-28　创建分析项目

2.2.3　导入几何模型

（1）导入几何模型，如图 2-29 所示。

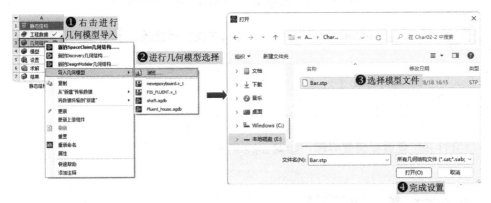

图 2-29　导入几何模型

（2）启动几何结构软件，如图 2-30 所示。

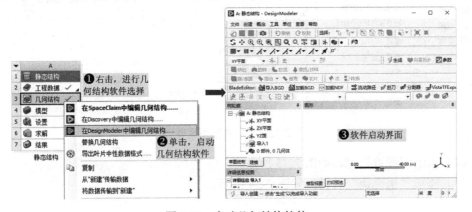

图 2-30　启动几何结构软件

> Workbench 中的几何结构默认有 3 个模块，用鼠标右键单击可以进行软件模块选择，例如本案例选取的为 DesignModeler 软件。

（3）在几何结构软件中进行几何模型导入，如图 2-31 所示。

图 2-31　在几何结构软件中进行几何模型导入

> 在 DesignModeler 软件中可以进行几何模型的修改，本案例不需要修改。

2.2.4　添加材料库

（1）打开工程数据设置界面，如图 2-32 所示。

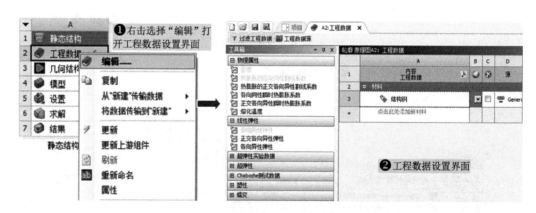

图 2-32　工程数据设置界面

（2）激活工程数据源，如图 2-33 所示。

（3）添加"铝合金"材料，如图 2-34 所示。

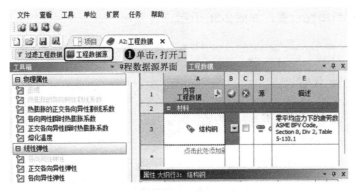

图 2-33　工程数据源界面

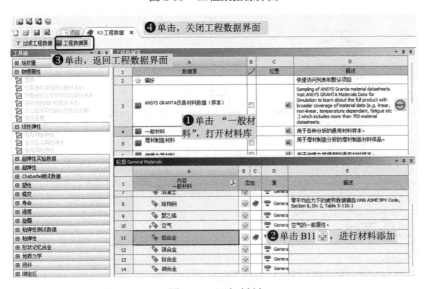

图 2-34　添加材料

2.2.5　添加模型材料属性

（1）启动静态结构分析模块，如图 2-35 所示。

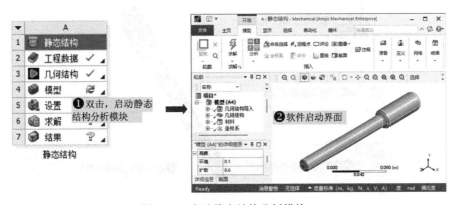

图 2-35　启动静态结构分析模块

（2）进行材料属性设置，如图 2-36 所示。

图 2-36　材料属性设置

2.2.6　划分网格

进行网格尺寸划分设置，如图 2-37 所示。

图 2-37　网格尺寸划分设置

2.2.7　施加载荷与约束

（1）添加固定支撑约束，如图 2-38 所示。

图 2-38　添加固定支撑约束

（2）进行固定支撑约束参数设置，如图 2-39 所示。

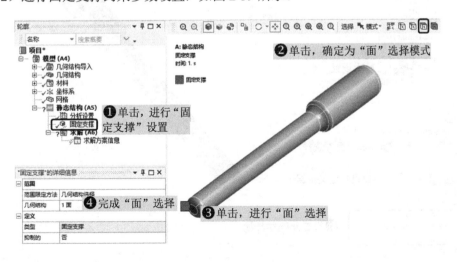

图 2-39　固定支撑约束参数设置

上述操作界面为设置完成后的示意图，后续类似的均为设置后的截图。

（3）添加力载荷设置，如图 2-40 所示。

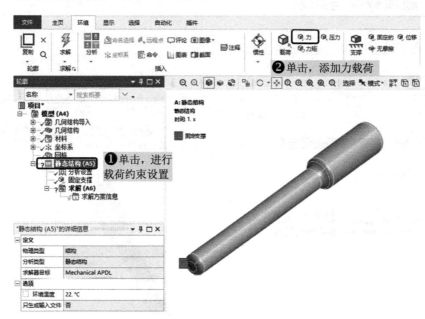

图 2-40　添加力载荷设置

（4）进行力载荷参数设置，如图 2-41 所示。

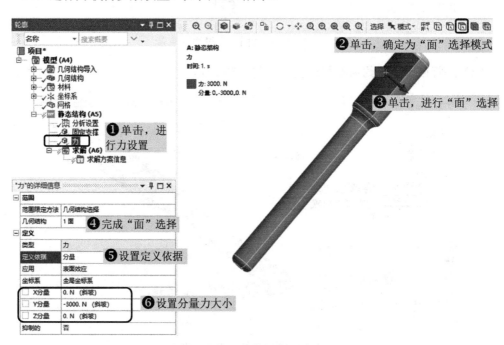

图 2-41　力载荷参数设置

（5）进行求解设置并计算，如图 2-42 所示。

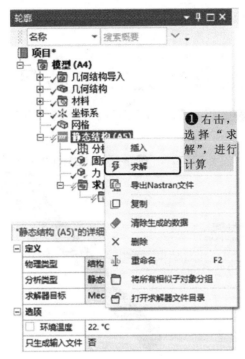

图 2-42　求解设置

2.2.8　结果后处理

（1）添加等效应力分析结果，如图 2-43 所示。

图 2-43　添加等效应力分析结果

（2）添加最大剪切应力分析结果，如图 2-44 所示。

图 2-44　添加最大剪切应力分析结果

（3）添加总变形分析结果，如图 2-45 所示。

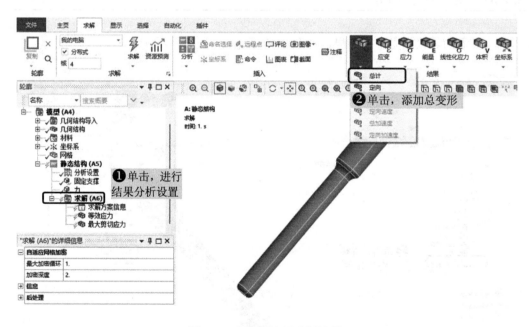

图 2-45　添加总变形分析结果

（4）添加等效弹性应变分析结果，如图 2-46 所示。

图 2-46　添加等效弹性应变分析结果

（5）添加最大剪切应变分析结果，如图 2-47 所示。

图 2-47　添加最大剪切应变分析结果

（6）进行求解设置并计算，如图 2-48 所示。

图 2-48　求解设置

（7）进行等效应力结果查看，如图 2-49 所示，可知最大等效应力约为 $3.093*10^9$Pa，最小等效应力为 32017Pa。作用在铝合金圆杆模型中的恒定外载荷（力）使得中间圆柱位置的应力比较大，这符合截面积小应力大的理论，在做受力结构件的设计时应该避免出现这种结构，从而增加设计强度。

图 2-49　等效应力云图

（8）进行最大剪切应力结果查看，如图 2-50 所示，可知最大剪切应力最大值约为 $1.652*10^9$Pa。

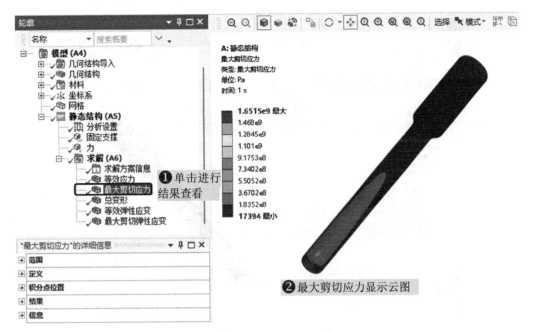

图 2-50　等效应力云图

（9）进行总变形结果查看，如图 2-51 所示，可知最大总变形为 0.025765m。

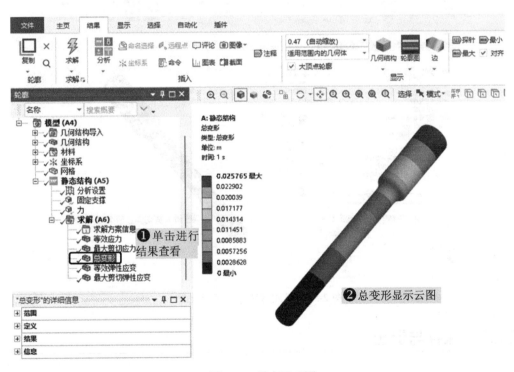

图 2-51　总变形云图

（10）进行等效弹性应变结果查看，如图 2-52 所示。

（11）进行最大剪切弹性应变结果查看，如图 2-53 所示。

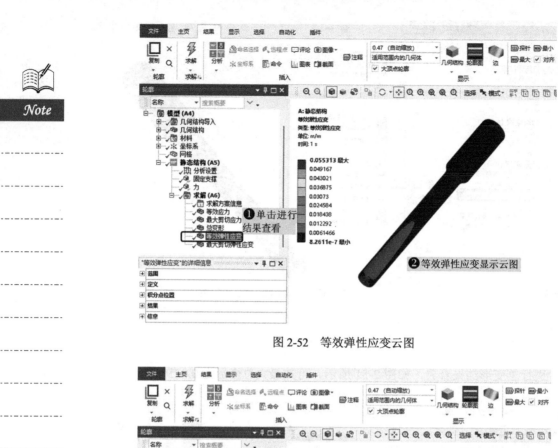

图 2-52　等效弹性应变云图

图 2-53　最大剪切弹性应变云图

2.2.9　保存与退出

（1）单击 Mechanical 界面右上角的"✕"按钮，退出 Mechanical，返回到 Workbench 主界面。

（2）在 Workbench 界面进行文件保存，文件名称为 StaticStructure。

2.3　大挠曲变形静力学分析

本节案例演示 ANSYS Workbench 的结构静力学分析模块，并对比开启考虑金属塑性的大变形开关前后两个结果，基本展示了此方法的操作流程。

2.3.1　问题描述

图 2-54 所示为大变形静力学几何模型，一端面固定，另外一个端面用 200N 力进行拉伸，请用 ANSYS Workbench 分析对比同样约束及边界条件下，不加载大挠曲开关分析以及加载后两者的分析结果。

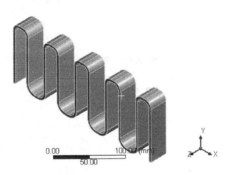

图 2-54　几何模型

2.3.2　建立分析项目

在 Workbench 平台内创建静态结构分析项目，如图 2-55 所示。

图 2-55　创建分析项目

2.3.3　导入几何模型

（1）导入几何模型，如图2-56所示。

图2-56　导入几何模型

（2）启动几何结构软件，如图2-57所示。

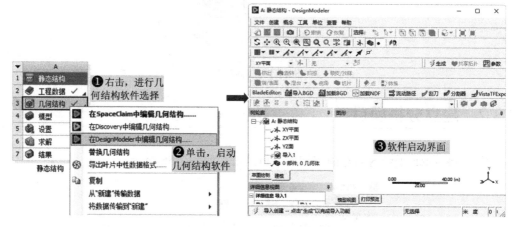

图2-57　启动几何结构软件

Workbench的几何结构软件默认有3个模块，用鼠标右键单击可以进行软件模块选择，例如本案例选取的为DesignModeler软件。

（3）在几何结构软件中进行几何模型导入，如图2-58所示。

在DesignModeler软件中可以进行几何模型的修改，本案例不需要修改。

图 2-58　在几何结构软件中进行几何模型导入

2.3.4　添加材料库

（1）打开工程数据设置界面，如图 2-59 所示。

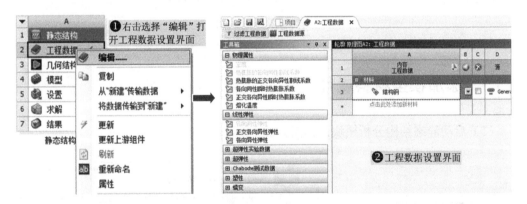

图 2-59　工程数据设置界面

（2）激活工程数据源，如图 2-60 所示。

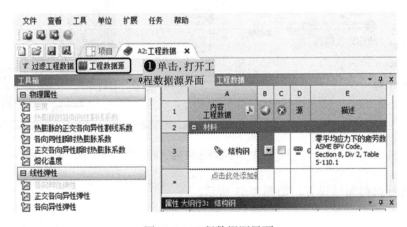

图 2-60　工程数据源界面

（3）添加"不锈钢"材料，如图 2-61 所示。

图 2-61　添加材料

2.3.5　添加模型材料属性

（1）启动静态结构分析模块，如图 2-62 所示。

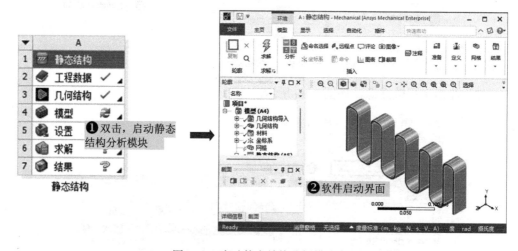

图 2-62　启动静态结构分析模块

（2）进行材料属性设置，如图 2-63 所示。

图 2-63 材料属性设置

2.3.6 划分网格

进行网格尺寸划分设置，如图 2-64 所示。

图 2-64 网格尺寸划分设置

2.3.7　施加载荷与约束

（1）添加固定支撑约束，如图 2-65 所示。

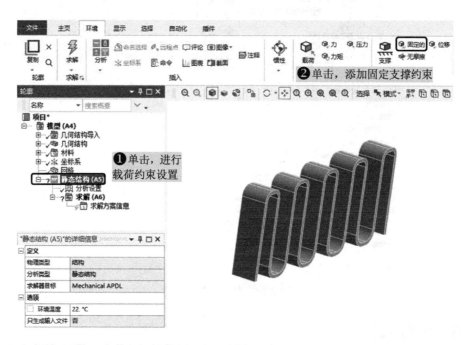

图 2-65　添加固定支撑约束

（2）进行固定支撑约束参数设置，如图 2-66 所示。

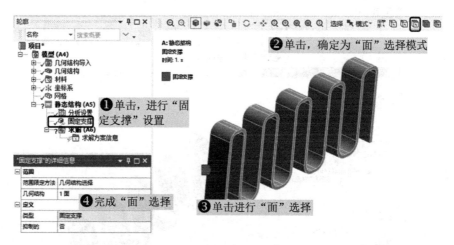

图 2-66　固定支撑约束参数设置

> 上述操作界面为设置完成后的示意图，后续类似的均为设置后的截图。

（3）添加力载荷设置，如图 2-67 所示。

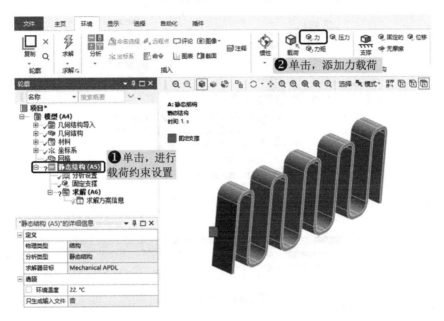

图 2-67　添加力载荷设置

（4）进行力载荷参数设置，如图 2-68 所示。

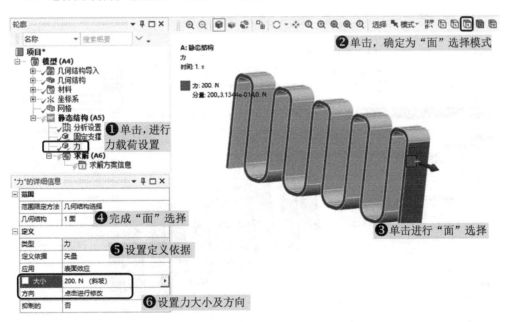

图 2-68　力载荷参数设置

（5）进行求解设置并计算，如图 2-69 所示。

图 2-69　求解设置

2.3.8　结果后处理

（1）添加等效应力分析结果，如图 2-70 所示。

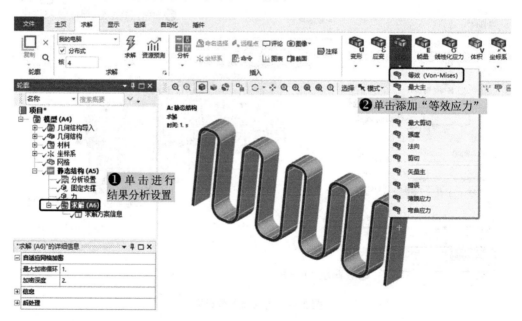

图 2-70　添加等效应力分析结果

（2）添加总变形分析结果，如图 2-71 所示。

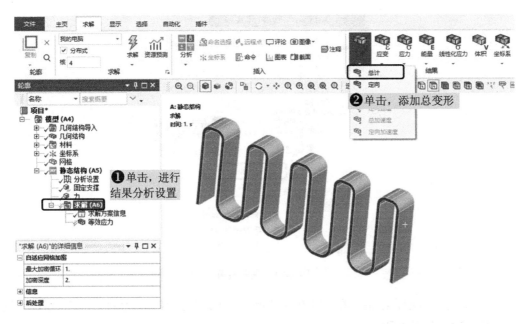

图 2-71　添加总变形分析结果

（3）添加等效弹性应变分析结果，如图 2-72 所示。

图 2-72　添加等效弹性应变分析结果

（4）进行求解设置并计算，如图 2-73 所示。

图 2-73　求解设置

（5）进行等效应力结果查看，如图 2-74 所示，可知最大等效应力为 $1.4675*10^8$Pa，最小等效应力为 0.11748Pa。

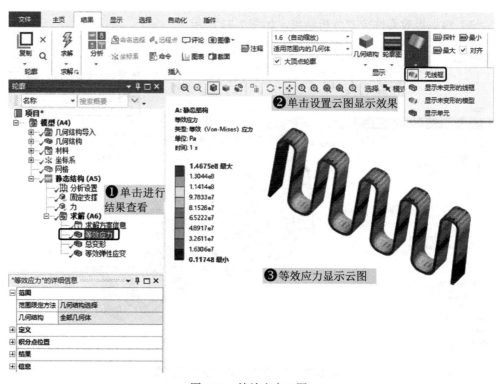

图 2-74　等效应力云图

（6）进行总变形结果查看，如图 2-75 所示，可知最大总变形为 0.0098709m。

图 2-75　总变形云图

（7）进行等效弹性应变结果查看，如图 2-76 所示。

图 2-76　等效弹性应变云图

2.3.9　保存与退出

（1）单击 Mechanical 界面右上角的"×"按钮，退出 Mechanical，返回到 Workbench 主界面。

（2）在 Workbench 界面进行文件保存，文件名称为 large_deformation。

2.3.10　分析项目复制创建

进行分析项目复制，如图 2-77 所示。

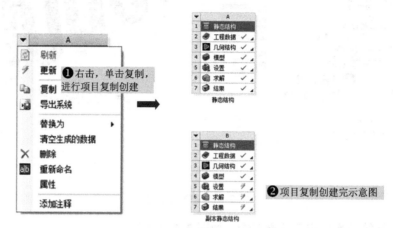

图 2-77　分析项目复制创建

　上述直接复制创建分析项目操作，可保留之前分析项目中设置的材料、网格划分及载荷约束设置。

2.3.11　开启大挠曲设置再次求解

（1）再次启动静态结构分析模块，如图 2-78 所示。

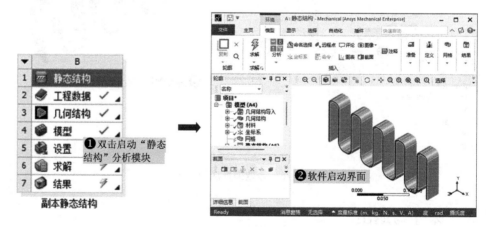

图 2-78　启动静态结构分析模块

（2）在分析设置中开启大挠曲设置，如图 2-79 所示。

（3）进行求解设置，如图 2-80 所示。

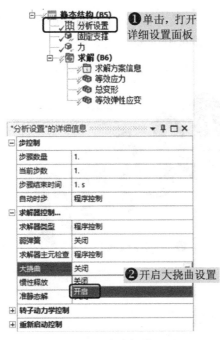

图 2-79　开启大挠曲设置

图 2-80　求解设置

（4）进行等效应力结果查看，如图 2-81 所示，可知最大等效应力为 $1.4479*10^8$Pa，最小等效应力为 0.11015Pa。

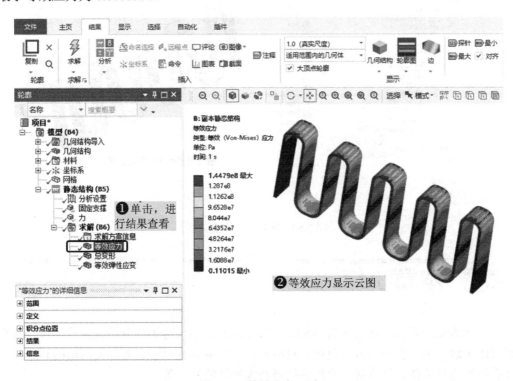

图 2-81　等效应力云图

（5）进行总变形结果查看，如图 2-82 所示，可知最大总变形为 0.0087095m。由此可见开启大挠曲后的最大变形从 0.0098709m 变为 0.0087095m。

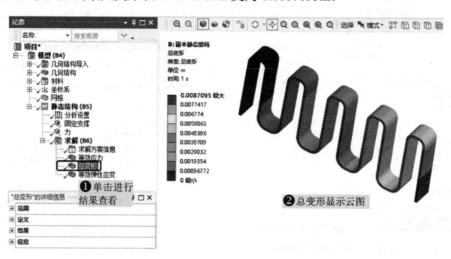

图 2-82　总变形云图

（6）进行等效弹性应变结果查看，如图 2-83 所示。

图 2-83　等效弹性应变云图

2.4 本章小结

通过本章的学习，读者应对 ANSYS Workbench 结构静力学分析模块及操作步骤有详细的了解，包括材料导入与建模、材料选择与材料属性赋予、有限元网格的划分、对模型施加边界条件、外载荷、结构后处理及大变形的开启等。

第3章

模态分析

　　模态分析是计算结构振动特性的数值技术，结构振动特性包括固有频率和振型。模态分析是最基本的动力学分析，也是其他动力学分析的基础，如响应谱分析、随机振动分析、谐响应分析等都需要在模态分析的基础上进行。

　　模态分析是最简单的动力学分析，但它有非常广泛的实用价值。模态分析可以帮助设计人员确定结构的固有频率和振型，从而使结构设计避免共振，并指导工程师预测在不同载荷作用下结构的振动形式。此外，模态分析还有助于估算其他动力学分析参数，比如瞬态动力学分析中为了保证动力响应的计算精度，通常要求在结构的一个自振周期有不少于 25 个计算点，模态分析可以确定结构的自振周期，从而帮助分析人员确定合理的瞬态分析时间步长。模态分析也可以使结构设计避免共振或者以特定的频率进行振动，工程师从中可以认识到结构对不同类型的动力载荷是如何响应的，有助于在其他动力分析中估算求解控制参数。

　　预应力模态分析是用于分析含预应力结构的自振频率和振型，预应力模态分析与常规模态分析类似，但可以考虑载荷产生的应力对结构刚度的影响。

　　本章通过两个典型实例对 ANSYS Workbench 的模态分析模块进行详细讲解，介绍分析的一般步骤，包括材料赋予、网格设置与划分、模态分析的方法及后处理操作等。

学习目标

(1) 熟练掌握 ANSYS Workbench 材料赋予的方法；
(2) 熟练掌握 ANSYS Workbench 网格划分的操作步骤；
(3) 熟练掌握 ANSYS Workbench 模态分析的方法及过程；
(4) 熟练掌握 ANSYS Workbench 预应力模态分析的方法及过程。

3.1　飞机机翼模态分析

本节主要介绍 ANSYS Workbench 的模态分析模块，计算飞机机翼的固有频率特性。

3.1.1　问题描述

图 3-1 所示为飞机机翼模型，其中机翼的一端固定在飞机机体上，另一端为自由端，试对机翼进行模态分析，并求解其固有频率特性和振型。

图 3-1　机翼模型

3.1.2　建立分析项目

在 Workbench 平台创建模态分析项目，如图 3-2 所示。

图 3-2　创建分析项目

3.1.3　导入几何模型

（1）导入几何模型，如图 3-3 所示。

图 3-3　导入几何模型

（2）启动几何结构软件，如图 3-4 所示。

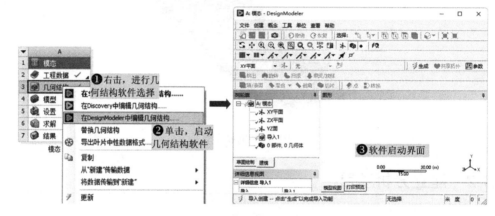

图 3-4　启动几何结构软件

Workbench 的几何结构软件默认有 3 个模块，用鼠标右键单击可以进行软件模块选择，例如本案例选取的为 DesignModeler 软件。

（3）在几何结构软件中进行几何模型导入，如图 3-5 所示。

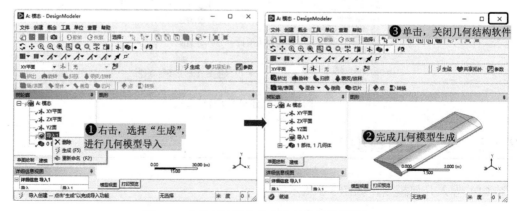

图 3-5　在几何结构软件中进行几何模型导入

在 DesignModeler 软件中可以进行几何模型的修改，本案例不需要修改。

3.1.4　添加材料库

（1）打开工程数据设置界面，如图 3-6 所示。

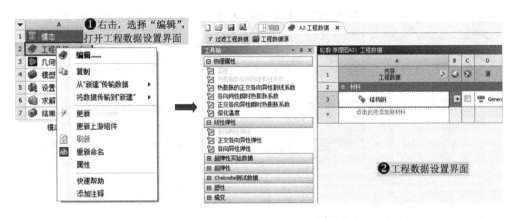

图 3-6　工程数据设置界面

（2）激活工程数据源，如图 3-7 所示。

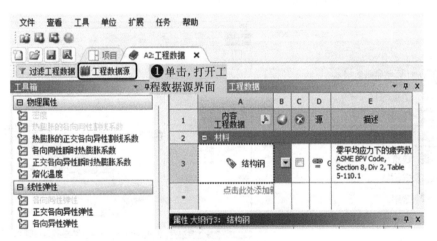

图 3-7　激活工程数据源

（3）添加"钛合金"材料，如图 3-8 所示。

图 3-8　材料添加设置

3.1.5　添加模型材料属性

（1）启动模态分析模块，如图 3-9 所示。

图 3-9　启动模态分析模块

（2）进行材料属性设置，如图 3-10 所示。

Note

图 3-10　材料属性设置

3.1.6　划分网格

进行网格尺寸划分设置，如图 3-11 所示。

图 3-11　网格尺寸划分设置

3.1.7 施加载荷与约束

（1）添加固定支撑约束，如图 3-12 所示。

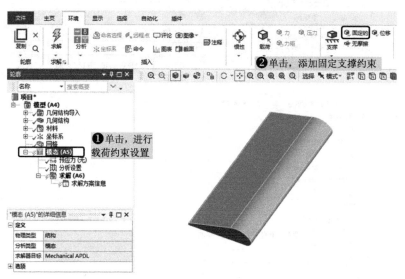

图 3-12 添加固定支撑约束

（2）进行固定支撑约束参数设置，如图 3-13 所示。

图 3-13 固定支撑约束参数设置

上述操作界面为设置完成后的示意图，后续类似的均为设置后的截图。

3.1.8　模态参数设置

（1）在分析设置中进行模态阶数设置，如图 3-14 所示，设置最大模态阶数为 6 阶。

（2）进行求解设置并计算，如图 3-15 所示。

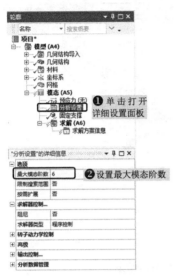

图 3-14　最大模态阶数设置

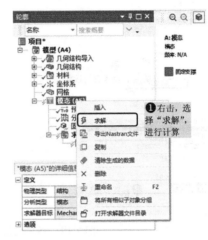

图 3-15　求解设置

3.1.9　结果后处理

（1）添加一阶模态下的总变形分析结果，如图 3-16 所示。

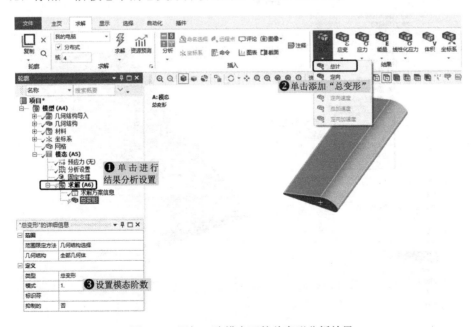

图 3-16　添加一阶模态下的总变形分析结果

（2）添加二阶模态下的总变形分析结果，如图 3-17 所示。

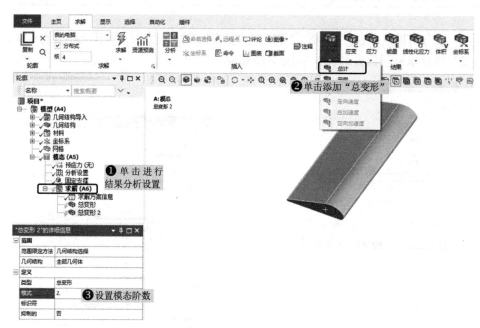

图 3-17　添加二阶模态下的总变形分析结果

（3）参照步骤（1）及步骤（2），依次添加三阶模态、四阶模态、五阶模态和六阶模态下的总变形分析结果，如图 3-18 所示。

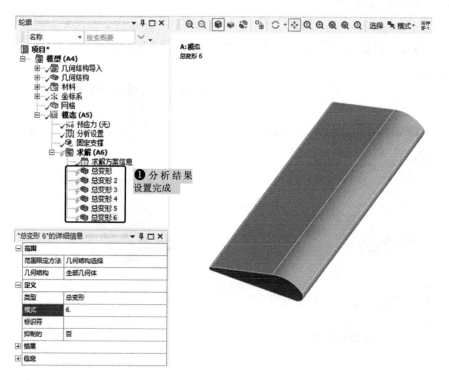

图 3-18　总变形分析结果设置

（4）进行求解设置并计算，如图 3-19 所示。

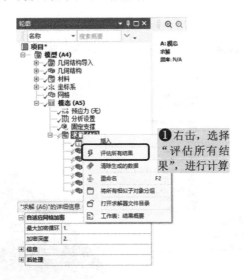

图 3-19　求解设置

（5）进行一阶模态下的总变形结果查看，如图 3-20 所示，可知一阶模态下的最大总变形为 0.3108mm。

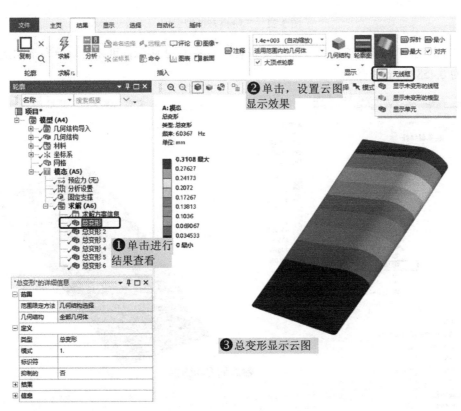

图 3-20　一阶模态振型云图

63

（6）进行二阶模态下的总变形结果查看，如图 3-21 所示，可知二阶模态下的最大总变形为 0.30704mm。

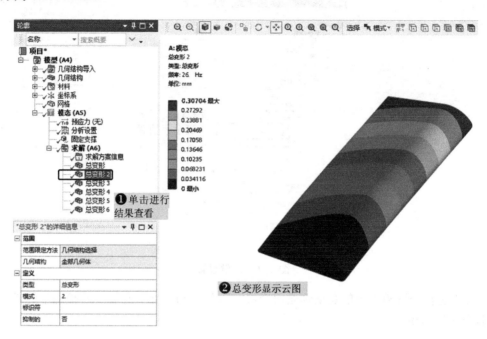

图 3-21　二阶模态振型云图

（7）进行三阶模态下的总变形结果查看，如图 3-22 所示，可知三阶模态下的最大总变形为 0.45882mm。

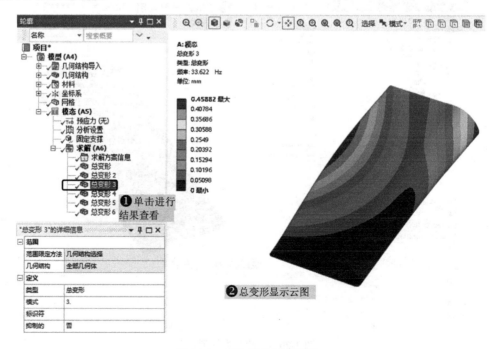

图 3-22　三阶模态振型云图

（8）进行四阶模态下的总变形结果查看，如图 3-23 所示，可知四阶模态下的最大总变形为 0.58115mm。

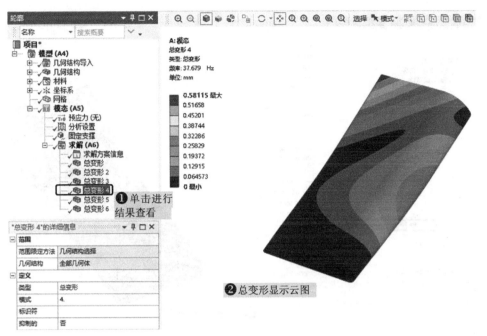

图 3-23　四阶模态振型云图

（9）进行五阶模态下的总变形结果查看，如图 3-24 所示，可知五阶模态下的最大总变形为 0.5852mm。

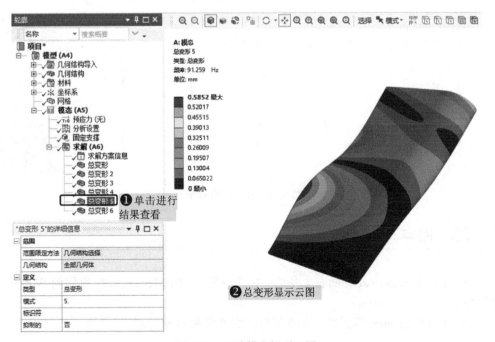

图 3-24　五阶模态振型云图

（10）进行六阶模态下的总变形结果查看，如图 3-25 所示，可知六阶模态下的最大总变形为 0.74641mm。

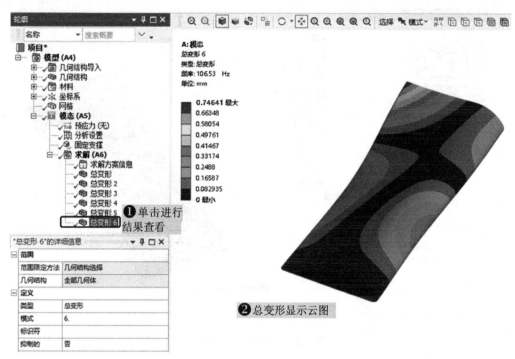

图 3-25　六阶模态振型云图

（11）在图形窗口下方，可以观察到模型的固有频率，如图 3-26 所示。

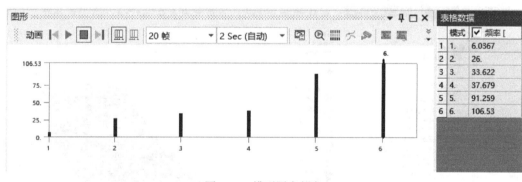

图 3-26　模型固有频率

3.1.10　保存与退出

（1）单击 Mechanical 界面右上角的 " **✕** " 按钮，退出 Mechanical，返回到 Workbench 主界面。

（2）在 Workbench 界面进行文件保存，文件名称为 Modal。

3.2　预应力模态分析

本节主要介绍 ANSYS Workbench 的模态分析模块，计算零件在预拉应力情况下的固有频率。

3.2.1　问题描述

图 3-27 所示为零件几何模型，其中零件的一端固定，另一端受拉力作用，试对零件模型进行模态分析，并求解其在受预拉应力作用下的固有频率特性和振型。

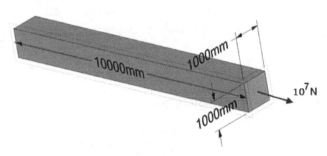

图 3-27　几何模型

3.2.2　建立分析项目

在 Workbench 的定制系统内创建预应力模态分析项目，如图 3-28 所示。

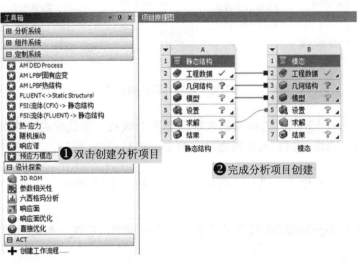

图 3-28　创建分析项目

3.2.3 导入几何模型

（1）导入几何模型，如图 3-29 所示。

图 3-29 导入几何模型

（2）启动几何结构软件，如图 3-30 所示。

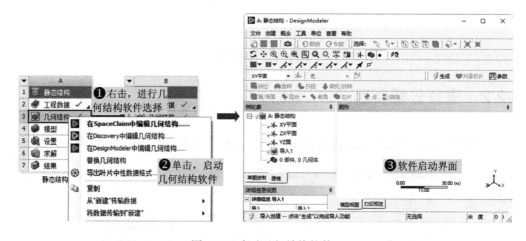

图 3-30 启动几何结构软件

 Workbench 的几何结构软件默认有 3 个模块，用鼠标右键单击可以进行软件模块选择，例如本案例选取的为 DesignModeler 软件。

（3）在几何结构软件中进行几何模型导入，如图 3-31 所示。

 在 DesignModeler 软件中可以进行几何模型的修改，本案例不需要修改。

图 3-31 在几何结构软件中进行几何模型导入

3.2.4 添加材料库

（1）打开工程数据设置界面，如图 3-32 所示。

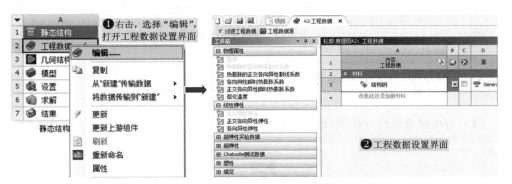

图 3-32 工程数据设置界面

（2）激活工程数据源，如图 3-33 所示。

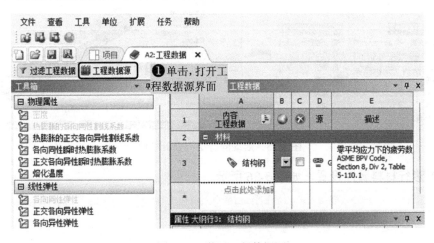

图 3-33 激活工程数据源

（3）添加"铝合金"材料，如图 3-34 所示。

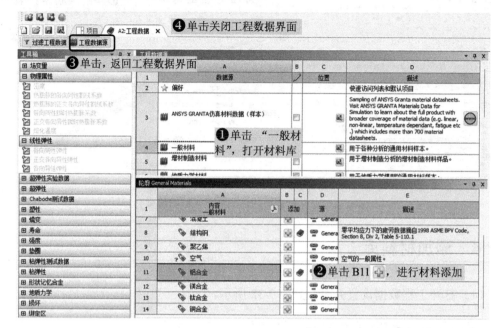

图 3-34　材料添加设置

3.2.5　添加模型材料属性

（1）启动静态结构分析模块，如图 3-35 所示。

图 3-35　启动静态结构分析模块

（2）进行材料属性设置，如图 3-36 所示。

图 3-36　材料属性设置

3.2.6　划分网格

进行网格尺寸划分设置，如图 3-37 所示。

图 3-37　网格尺寸划分设置

3.2.7 施加载荷与约束

（1）添加固定支撑约束，如图 3-38 所示。

图 3-38　添加固定支撑约束

（2）进行固定支撑约束详细设置，如图 3-39 所示。

图 3-39　固定支撑约束详细设置

 上述操作界面为设置完成后的示意图，后续类似的均为设置后的截图。

（3）添加力载荷，如图 3-40 所示。

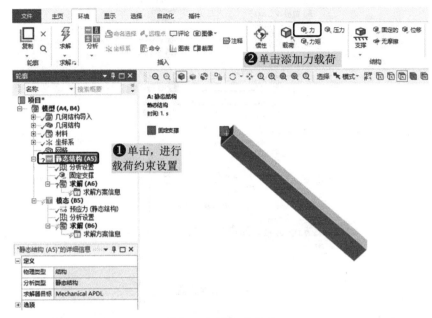

图 3-40　添加力载荷

（4）进行力载荷参数设置，如图 3-41 所示。

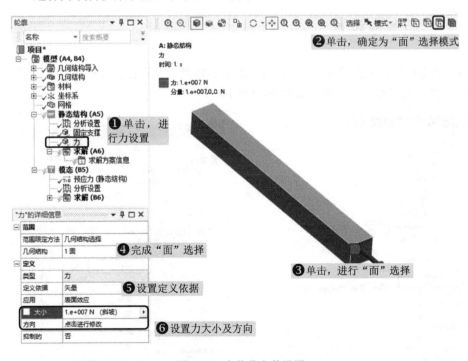

图 3-41　力载荷参数设置

（5）进行求解设置并计算，如图 3-42 所示。

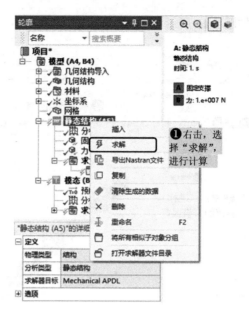

图 3-42　求解设置

提示　因为本案例主要是进行预应力下的模态分析，因此在静态结构中不进行结果分析。

3.2.8　模态参数设置

（1）在分析设置中进行模态阶数设置，如图 3-43 所示，设置最大模态阶数为 6 阶。

（2）进行求解设置并计算，如图 3-44 所示。

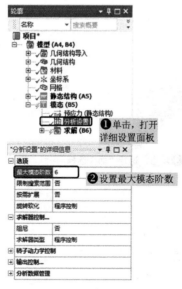

图 3-43　最大模态阶数设置

图 3-44　求解设置

3.2.9　结果后处理

（1）添加一阶模态下的总变形分析结果，如图 3-45 所示。

图 3-45　添加一阶模态下的总变形分析结果

（2）添加二阶模态下的总变形分析结果，如图 3-46 所示。

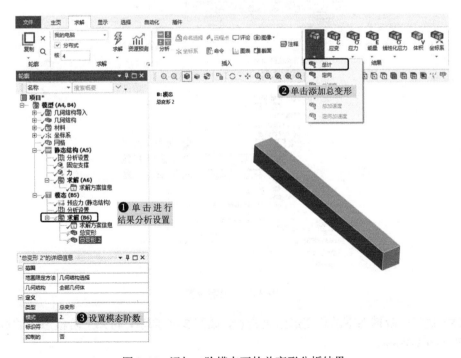

图 3-46　添加二阶模态下的总变形分析结果

（3）参照步骤（1）及步骤（2），依次添加三阶模态、四阶模态、五阶模态和六阶模态下的总变形分析结果，如图 3-47 所示。

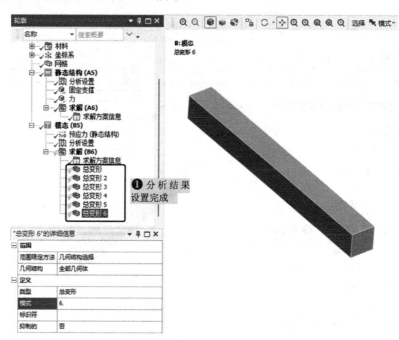

图 3-47　总变形分析结果设置

（4）进行求解设置并计算，如图 3-48 所示。

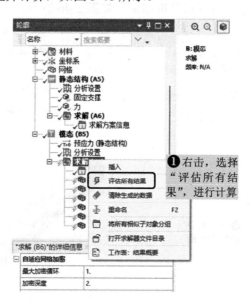

图 3-48　求解设置

（5）进行一阶模态下的总变形结果查看，如图 3-49 所示，可知一阶模态下的最大总变形约为 0.379mm。

图 3-49　一阶模态振型云图

（6）进行二阶模态下的总变形结果查看，如图 3-50 所示，可知二阶模态下的最大总变形约为 0.379mm。

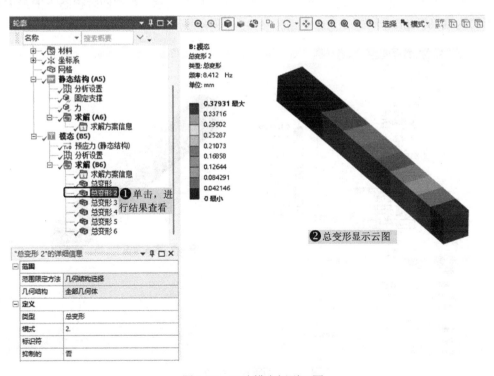

图 3-50　二阶模态振型云图

（7）进行三阶模态下的总变形结果查看，如图 3-51 所示，可知三阶模态下的最大总变形约为 0.387mm。

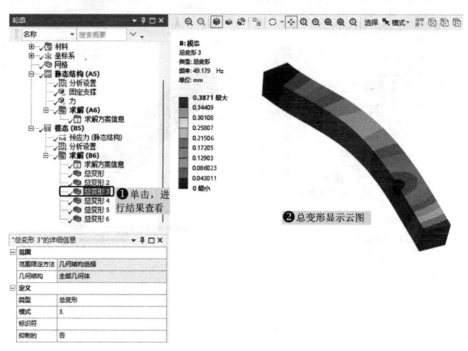

图 3-51　三阶模态振型云图

（8）进行四阶模态下的总变形结果查看，如图 3-52 所示，可知四阶模态下的最大总变形约为 0.387mm。

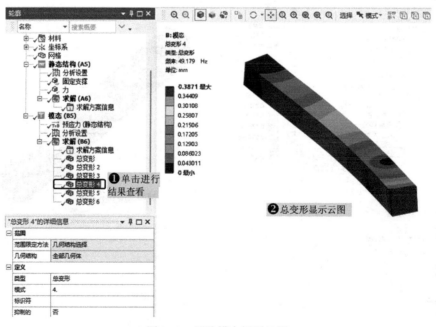

图 3-52　四阶模态振型云图

（9）进行五阶模态下的总变形结果查看，如图 3-53 所示，可知五阶模态下的最大总变形约为 0.466mm。

图 3-53 五阶模态振型云图

（10）进行六阶模态下的总变形结果查看，如图 3-54 所示，可知六阶模态下的最大总变形约为 0.269mm。

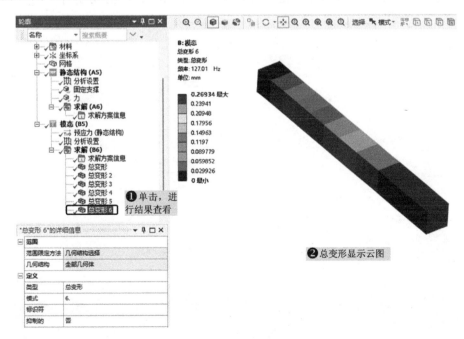

图 3-54 六阶模态振型云图

（11）在图形窗口下方，可以观察到模型的固有频率，如图 3-55 所示。

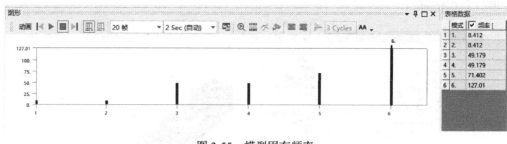

图 3-55　模型固有频率

3.2.10　保存与退出

（1）单击 Mechanical 界面右上角的"✕"按钮，退出 Mechanical，返回到 Workbench 主界面。

（2）在 Workbench 界面进行文件保存，文件名称为 PreStressModal。

3.3　本章小结

通过本章的学习，读者应对 ANSYS Workbench 模态分析模块及操作步骤有详细的了解，包括材料导入与建模、材料选择与材料属性赋予、有限元网格的划分、对模型施加边界条件、外载荷、模态参数设置、模态振型处理及预应力模态分析等。

第4章

谐响应分析

谐响应分析也称为频率响应分析或者扫频分析，用于确定结构在已知频率和幅值的正弦载荷作用下的稳态响应。如图 4-1 所示，谐响应分析是一种时域分析，计算结构响应的时间历程，但是局限于载荷是简谐变化的情况，只计算结构的稳态受迫振动，而不考虑激励开始时的瞬态振动。

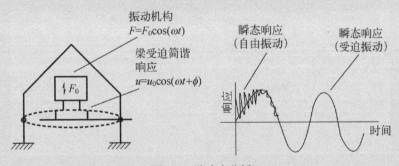

图 4-1　谐响应分析

谐响应分析可以分析结构在不同频率和幅值的简谐载荷作用下的响应，从而探测共振，指导设计人员避免结构发生共振（例如，借助阻尼器来避免共振），确保一个给定的结构能够经受住不同频率的各种简谐载荷（例如，不同速度转动的发动机）。

谐响应分析的应用非常广泛，例如，旋转机械的偏心转动力将产生简谐载荷，因此旋转设备（如压缩机、发动机、泵、涡轮机械等）的支座、固定装置和部件等经常需要应用谐响应分析来分析它们在各种不同频率和幅值的偏心简谐载荷作用下的刚强度。另外，流体的漩涡运动也会产生简谐载荷，谐响应分析也经常用于分析受涡流影响的结构，如涡轮叶片、飞机机翼、桥、塔等。

本章通过两个典型实例对 ANSYS Workbench 的谐响应分析模块进行详细讲解，介绍分析的一般步骤，包括材料赋予、模态分析的基本流程、谐响应分析的基本流程及后处理操作等。

学习目标

(1) 熟练掌握 ANSYS Workbench 材料赋予的方法；

(2) 熟练掌握 ANSYS Workbench 模态分析的基本流程；

(3) 熟练掌握 ANSYS Workbench 谐响应分析的基本流程、载荷和约束的加载方法。

4.1 连接转轴的谐响应分析

本节主要介绍 ANSYS Workbench 的谐响应分析模块，通过一个连接转轴结构的谐响应分析来帮助读者掌握谐响应分析的基本操作步骤。

4.1.1 问题描述

如图 4-2 所示为一连接转轴的结构，轴向力大小为 200N，相位角为 0°，结构的几何尺寸为 73mm×13mm×13mm，材料为不锈钢。结构一端为全约束，另一端施加正弦谐载荷，试分析轴中间部位的应力和位移在不同频率下的响应。

图 4-2 几何模型

4.1.2 建立分析项目

在 Workbench 平台创建"谐波响应"分析项目，如图 4-3 所示。

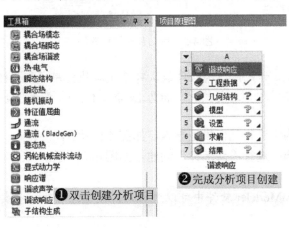

图 4-3 创建分析项目

4.1.3 导入几何模型

（1）导入几何模型，如图 4-4 所示。

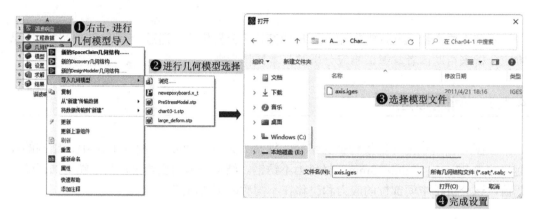

图 4-4 导入几何模型

（2）启动几何结构软件，如图 4-5 所示。

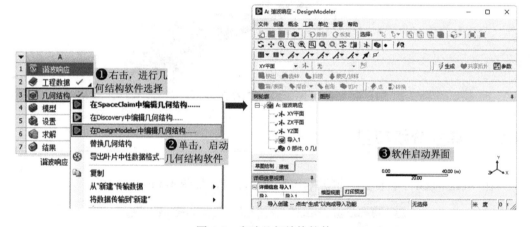

图 4-5 启动几何结构软件

Workbench 的几何结构软件默认有 3 个模块，用鼠标右键单击可以进行软件模块选择，例如本案例选取的为 DesignModeler 软件。

（3）在几何结构中进行几何模型导入，如图 4-6 所示。
（4）在几何结构中进行"新部件"创建，如图 4-7 所示。

在 DesignModeler 软件中可以进行几何模型的修改，本案例不需要修改。

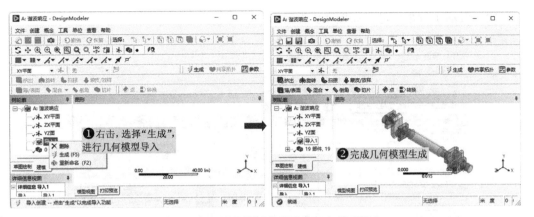

图 4-6　在几何结构软件中进行几何模型导入

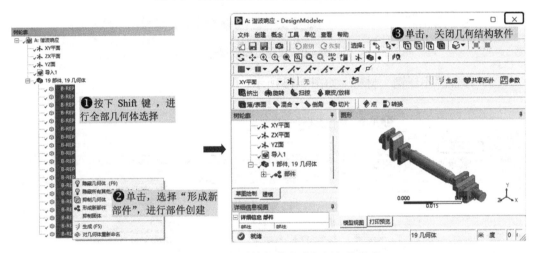

图 4-7　在几何结构软件中进行新部件生成

4.1.4　添加材料库

（1）打开工程数据设置界面，如图 4-8 所示。

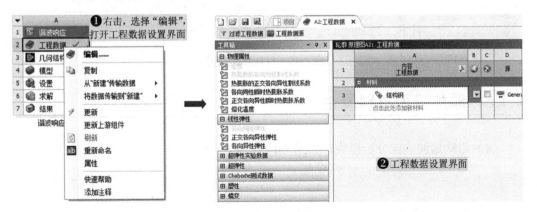

图 4-8　工程数据设置界面

（2）激活工程数据源，如图4-9所示。

图4-9　激活工程数据源

（3）添加"不锈钢"材料，如图4-10所示。

图4-10　材料添加设置

4.1.5　添加模型材料属性

（1）启动谐波响应分析模块，如图4-11所示。

图 4-11　启动谐波响应分析模块

（2）进行材料属性设置，如图 4-12 所示。

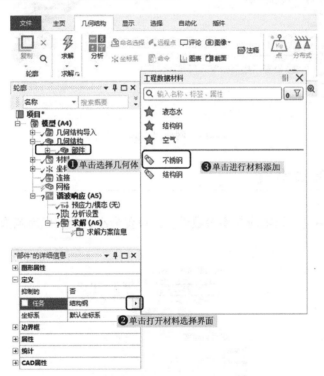

图 4-12　材料属性设置

4.1.6　划分网格

进行网格尺寸划分设置，如图 4-13 所示。

图 4-13 网格尺寸划分设置

4.1.7 频率参数设置

在分析设置中进行谐响应频率参数设置，设置最小、最大频率范围及求解方法，如图 4-14 所示。

图 4-14 频率参数设置

4.1.8 施加载荷与约束

（1）添加固定支撑约束，如图 4-15 所示。

图 4-15 添加固定支撑约束

（2）进行固定支撑约束参数设置，如图 4-16 所示。

图 4-16 固定支撑约束参数设置

提 示　　上述操作界面为设置完成后的示意图，后续类似的均为设置后的截图。

（3）添加力载荷，如图 4-17 所示。

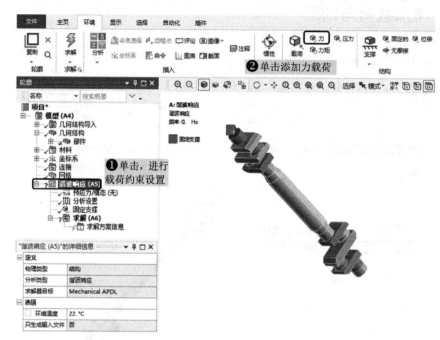

图 4-17　添加力载荷

（4）进行力载荷参数设置，如图 4-18 所示。

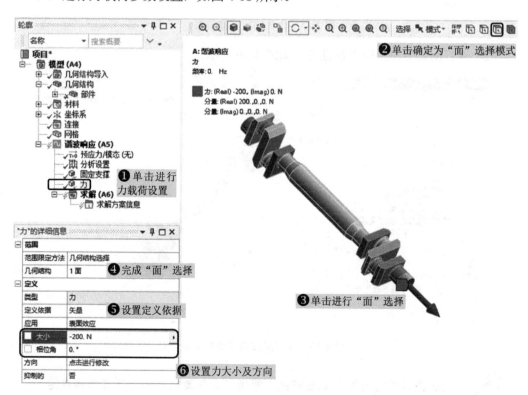

图 4-18　力载荷参数设置

（5）进行求解设置并计算，如图 4-19 所示。

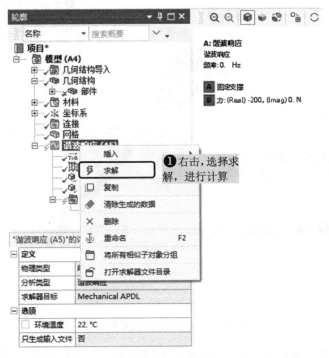

图 4-19　求解设置

4.1.9　结果后处理

（1）添加应力频率响应分析结果，如图 4-20 所示。

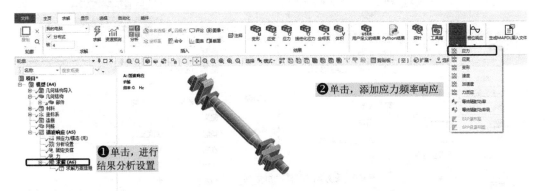

图 4-20　添加应力频率响应分析结果

（2）进行应力频率响应参数设置，如图 4-21 所示。

图 4-21　应力频率响应参数设置

（3）进行应力频率响应名称修改，如图 4-22 所示，将名称修改为"频率响应-应力"。

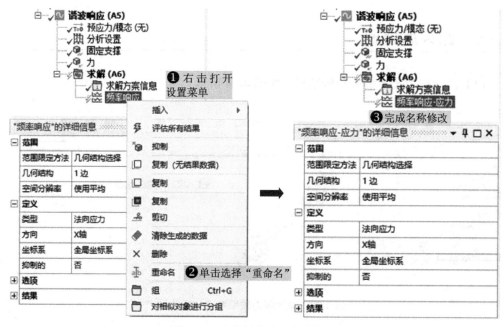

图 4-22　应力频率响应名称修改

（4）参照步骤（1）、（2）和（3），依次添加"变形频率响应"及"加速度频率响应"
分析结果，参数设置中选择与步骤（2）中相同的边，设置完成后如图 4-23 所示。

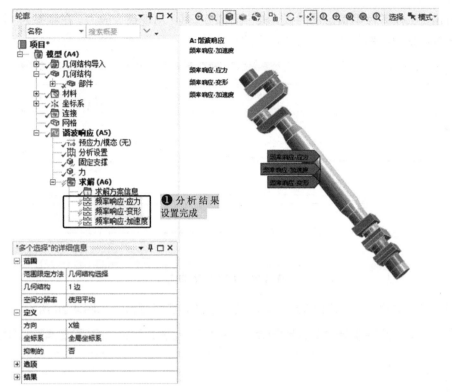

图 4-23　设置结果

（5）进行求解设置，如图 4-24 所示。

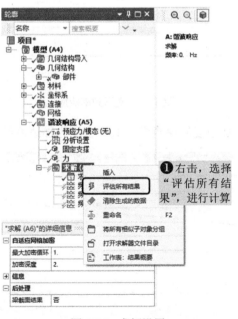

图 4-24　求解设置

（6）进行频率响应-应力结果查看，如图 4-25 所示。其中上图为应力频谱。从图中可以看出，在频率为410Hz的时候，轴中间部分（线）出现最大应力。在频率为410Hz～500Hz时，轴中间部分（线）出现较大的角位移。

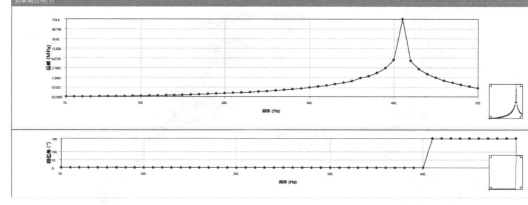

图4-25　应力频率响应

（7）进行频率响应–变形结果查看，其中上图为变形频谱，如图4-26所示。

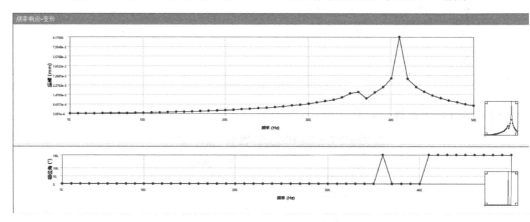

图4-26　变形频率响应

（8）进行频率响应–加速度结果查看，其中上图为加速度频谱，如图4-27所示。

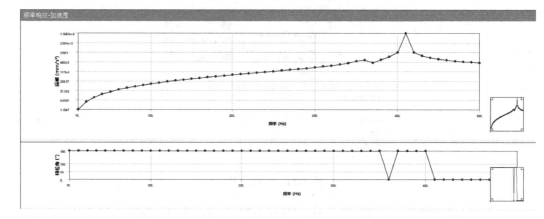

图4-27　加速度频率响应

（9）添加等效应力分析结果，如图 4-28 所示。

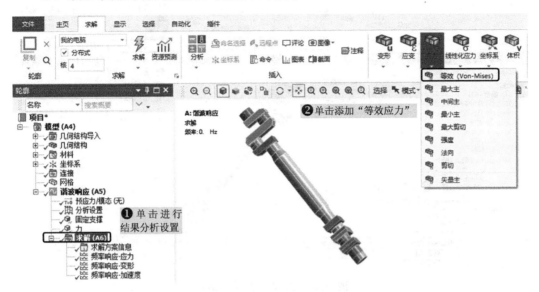

图 4-28　添加等效应力分析结果

（10）添加等效弹性应变分析结果，如图 4-29 所示。

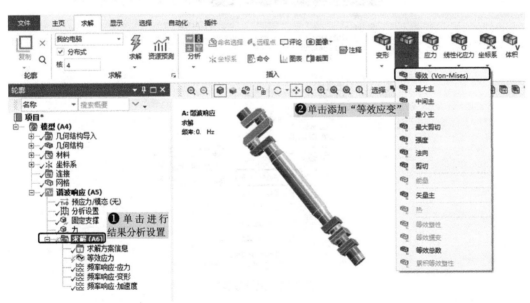

图 4-29　添加等效弹性应变分析结果

（11）添加总变形分析结果，如图 4-30 所示。

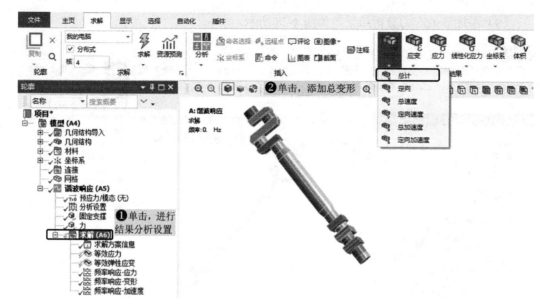

图 4-30　添加总变形分析结果

（12）再次进行求解设置并计算，如图 4-31 所示。

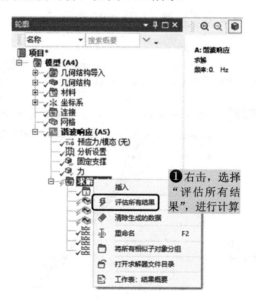

图 4-31　求解设置

（13）进行 500Hz 频率下的总变形结果查看，如图 4-32 所示。

（14）进行 500Hz 频率下的等效应力结果查看，如图 4-33 所示。

（15）进行 500Hz 频率下的等效弹性应变结果查看，如图 4-34 所示。

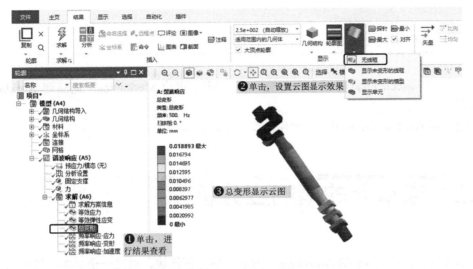

图 4-32　总变形云图

图 4-33　等效应力云图

图 4-34　等效弹性应变云图

4.1.10　保存与退出

（1）单击 Mechanical 界面右上角的"✕"按钮，退出 Mechanical，返回到 Workbench 主界面。

（2）在 Workbench 界面进行文件保存，文件名称为 axis_Response。

4.2　梁单元的谐响应分析

本节主要介绍 ANSYS Workbench 的谐响应分析模块，通过一个梁单元结构的谐响应分析来帮助读者掌握谐响应分析的基本操作步骤。

4.2.1　问题描述

如图 4-35 所示为一梁单元几何模型，计算在两个简谐力作用下，梁单元的响应。

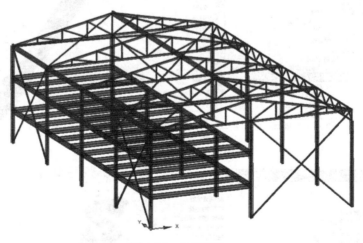

图 4-35　几何模型

4.2.2　建立分析项目

在 Workbench 平台创建模态分析项目，如图 4-36 所示。

图 4-36 创建分析项目

4.2.3 导入几何模型

（1）导入几何模型，如图 4-37 所示。

图 4-37 导入几何模型

（2）启动几何结构软件，如图 4-38 所示。

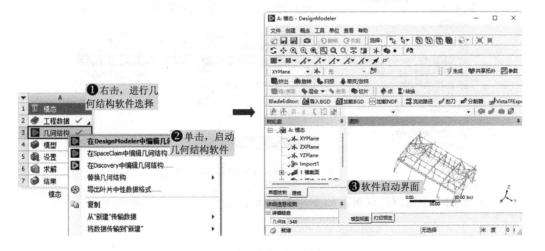

图 4-38 启动几何结构软件

> **提示** Workbench 的几何结构软件默认有 3 个模块，用鼠标右键单击可以进行软件模块选择，例如本案例选取的为 DesignModeler 软件。

> **提示** 在 DesignModeler 软件中可以进行几何模型的修改，本案例不需要修改。

4.2.4 添加材料库

（1）打开工程数据设置界面，如图 4-39 所示。

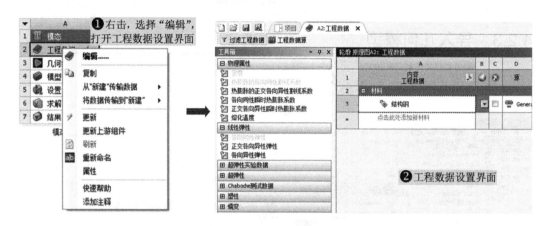

图 4-39 工程数据设置界面

（2）激活工程数据源，如图 4-40 所示。

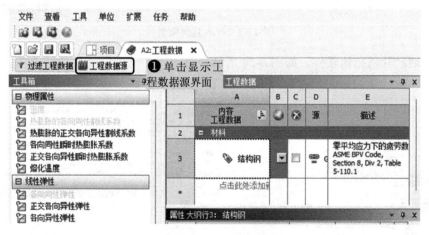

图 4-40 激活工程数据源

（3）添加"不锈钢"材料，如图 4-41 所示。

图 4-41 材料添加设置

4.2.5 添加模型材料属性

（1）启动模态分析模块，如图 4-42 所示。

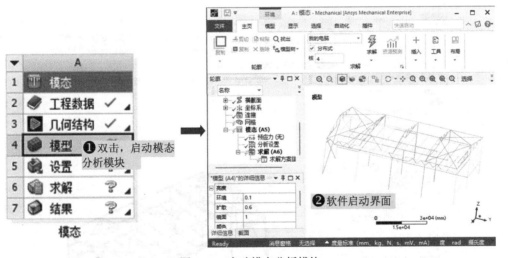

图 4-42 启动模态分析模块

（2）进行材料属性设置，如图 4-43 所示。

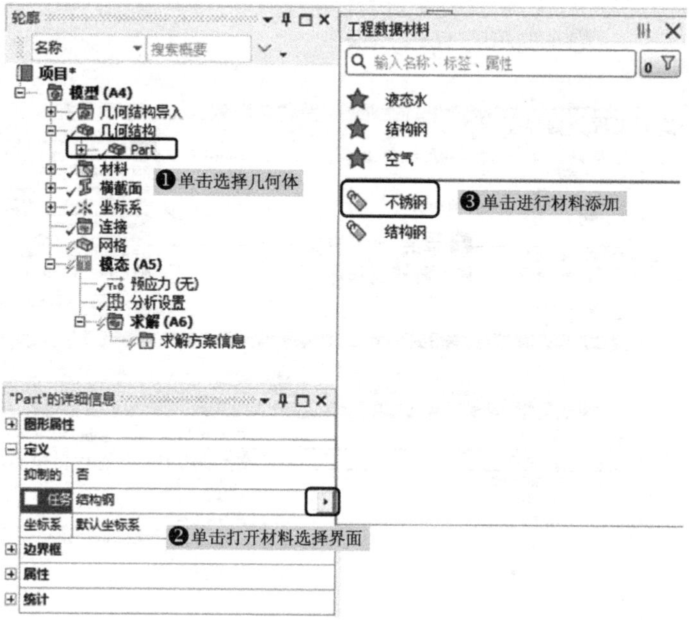

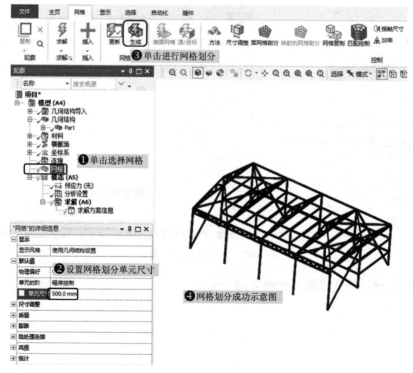

图 4-43　材料属性设置

4.2.6　划分网格

进行网格尺寸划分设置，如图 4-44 所示。

图 4-44　网格尺寸划分设置

4.2.7 施加约束

（1）添加固定支撑约束，如图 4-45 所示。

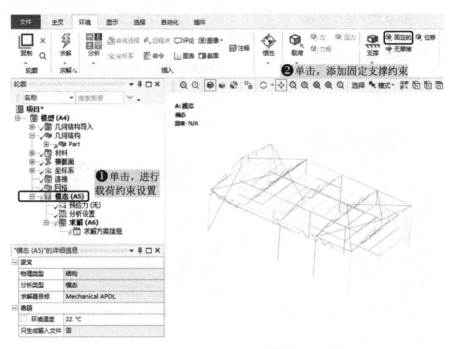

图 4-45 添加固定支撑约束

（2）进行固定支撑约束参数设置，如图 4-46 所示。

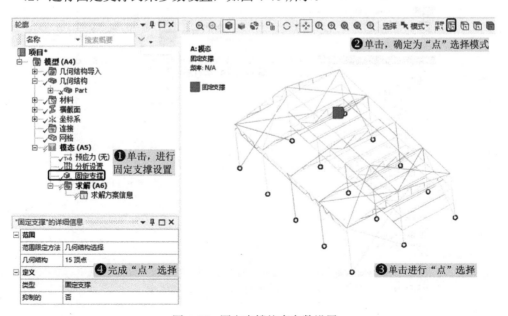

图 4-46 固定支撑约束参数设置

上述操作界面为设置完成后的示意图。

4.2.8　模态参数设置

（1）在分析设置中进行模态阶数设置，如图 4-47 所示，设置最大模态阶数为 6 阶。

（2）进行求解设置并计算，如图 4-48 所示。

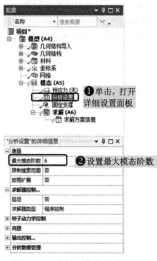

图 4-47　最大模态阶数设置　　　　　　图 4-48　求解设置

4.2.9　模态分析结果后处理

（1）添加一阶模态下的总变形分析结果，如图 4-49 所示。

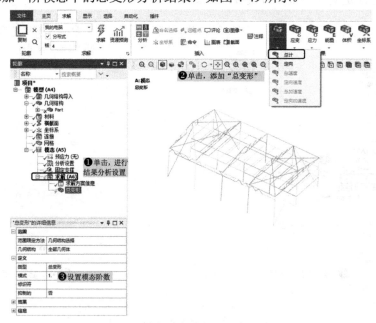

图 4-49　添加一阶模态下的总变形分析结果

（2）添加二阶模态下的总变形分析结果，如图 4-50 所示。

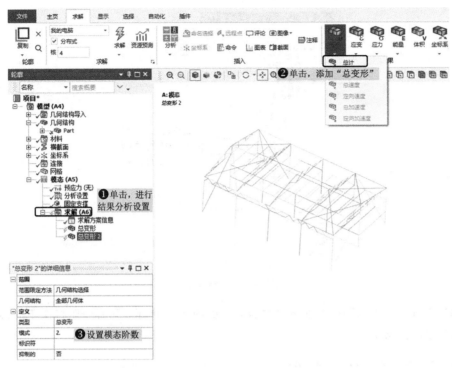

图 4-50　添加二阶模态下的总变形分析结果

（3）参照步骤（1）及（2），依次添加三阶模态、四阶模态、五阶模态和六阶模态下的总变形分析结果，完成后如图 4-51 所示。

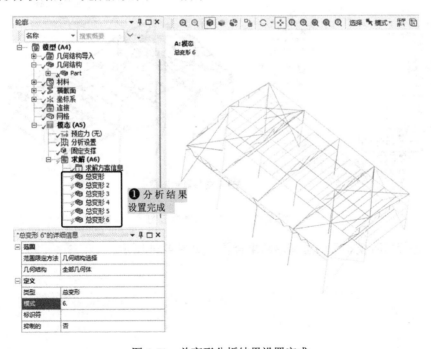

图 4-51　总变形分析结果设置完成

（4）进行求解设置并计算，如图 4-52 所示。

图 4-52　求解设置

（5）进行一阶模态下的总变形结果查看，如图 4-53 所示，可知一阶模态下的最大总变形约为 0.073mm。

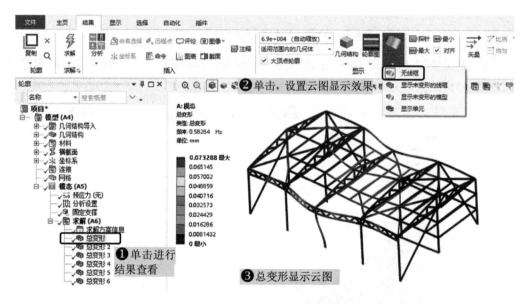

图 4-53　一阶模态振型云图

（6）进行二阶模态下的总变形结果查看，如图 4-54 所示。

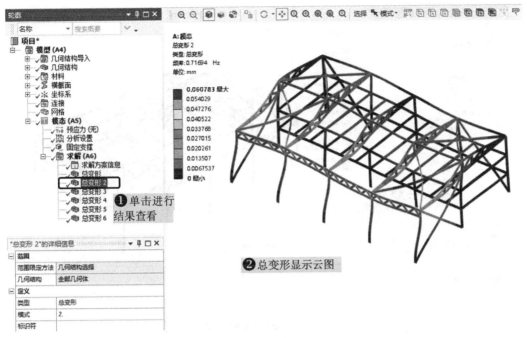

图 4-54　二阶模态振型云图

（7）进行三阶模态下的总变形结果查看，如图 4-55 所示。

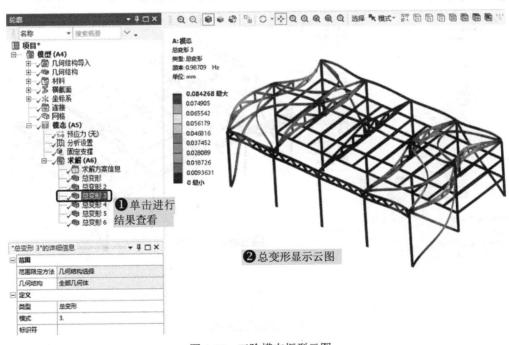

图 4-55　三阶模态振型云图

（8）进行四阶模态下的总变形结果查看，如图 4-56 所示。

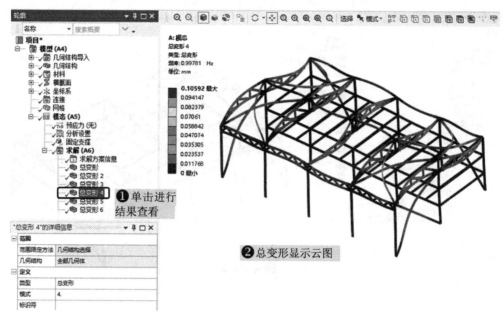

图 4-56　四阶模态振型云图

（9）进行五阶模态下的总变形结果查看，如图 4-57 所示。

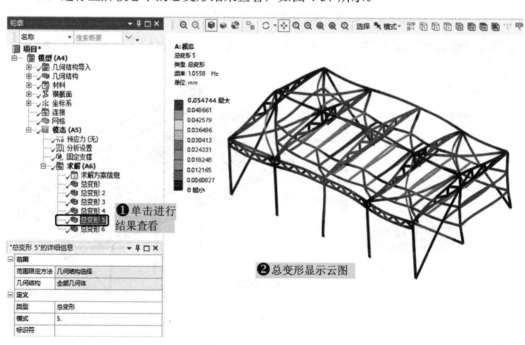

图 4-57　五阶模态振型云图

（10）进行六阶模态下的总变形结果查看，如图 4-58 所示。

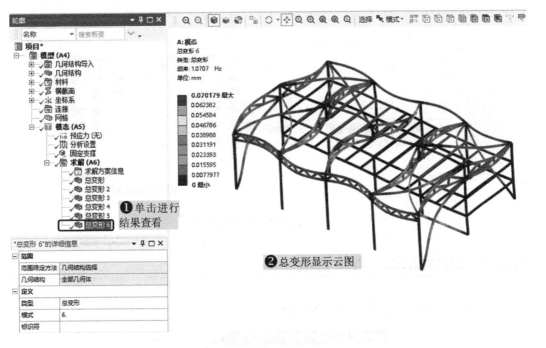

图 4-58　六阶模态振型云图

（11）在图形窗口下方，可以观察到模型的固有频率，如图 4-59 所示。

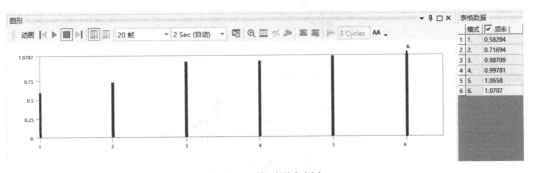

图 4-59　模型固有频率

（12）单击关闭模态分析项目。

4.2.10　创建谐响应分析项目

将工具箱中的"谐波响应"直接拖曳到项目 A（模态分析）的 A6 求解中，如图 4-60 所示。此时项目 A 的所有前处理数据已经全部导入项目 B 中，此时双击项目 B 中的 B5 "设置"即可直接进入 Mechanical 界面。

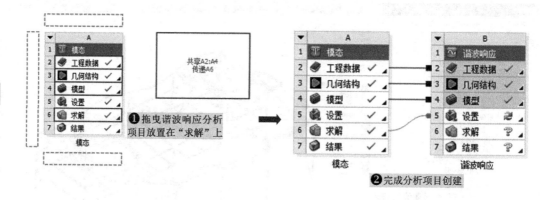

图 4-60　创建谐波响应分析项目

4.2.11　进行结果传递并更新

进行模态计算结果更新，如图 4-61 所示。

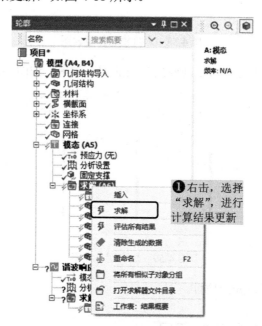

图 4-61　求解设置

4.2.12　频率参数设置

在分析设置中进行谐响应频率参数设置，设置最小、最大频率范围和求解方法，如图 4-62 所示。

图 4-62 频率参数设置

4.2.13 施加谐波响应分析约束

（1）添加力载荷，如图 4-63 所示。

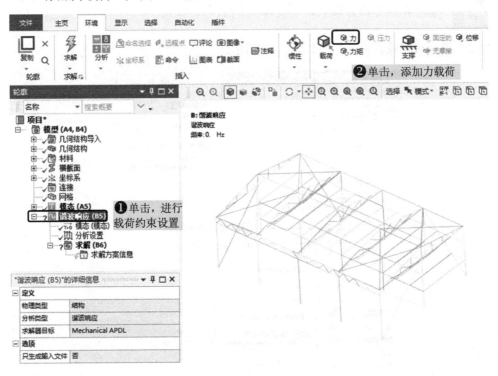

图 4-63 添加力载荷

（2）进行力载荷参数设置，如图 4-64 所示。

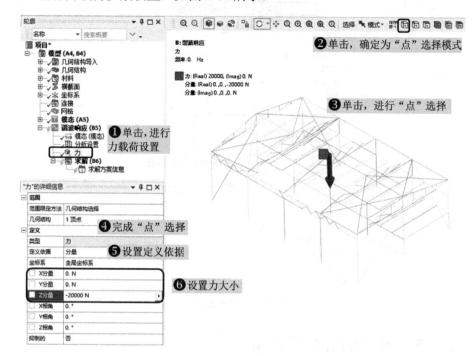

图 4-64　力载荷参数设置

　上述操作界面为设置完成后的示意图。

（3）进行求解设置并计算，如图 4-65 所示。

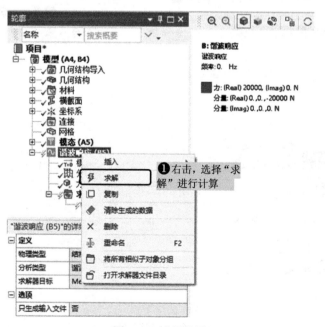

图 4-65　求解设置

4.2.14　结果后处理

（1）添加总变形分析结果，如图 4-66 所示。

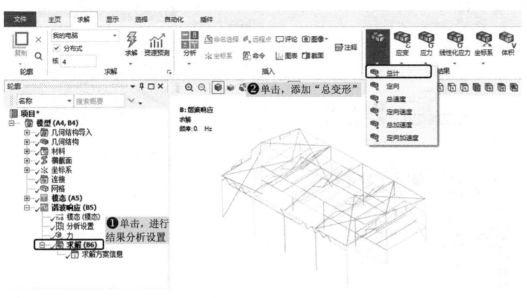

图 4-66　添加总变形分析结果

（2）添加变形频率响应分析结果，如图 4-67 所示。

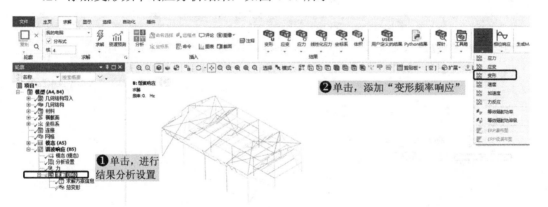

图 4-67　添加应力频率响应分析结果

（3）进行变形频率响应参数设置，如图 4-68 所示。

（4）添加变形相位响应分析结果，如图 4-69 所示。

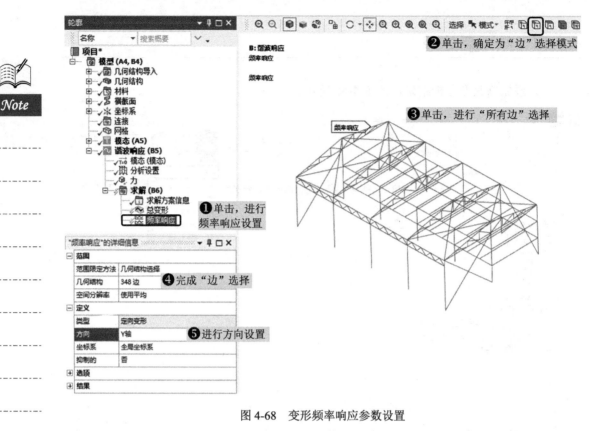

图 4-68　变形频率响应参数设置

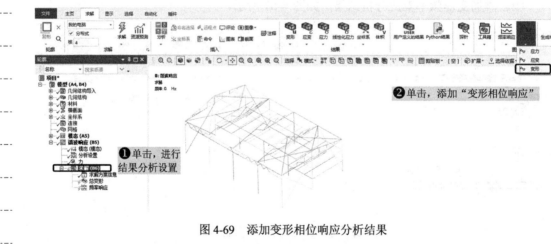

图 4-69　添加变形相位响应分析结果

（5）进行变形相位响应参数设置，如图 4-70 所示。

（6）再次进行求解设置并计算，如图 4-71 所示。

（7）进行 1.5Hz 频率下的总变形结果查看，如图 4-72 所示。

（8）进行梁单元的变形频率响应结果查看，如图 4-73 所示。

（9）进行梁单元的变形相位响应结果查看，如图 4-74 所示。

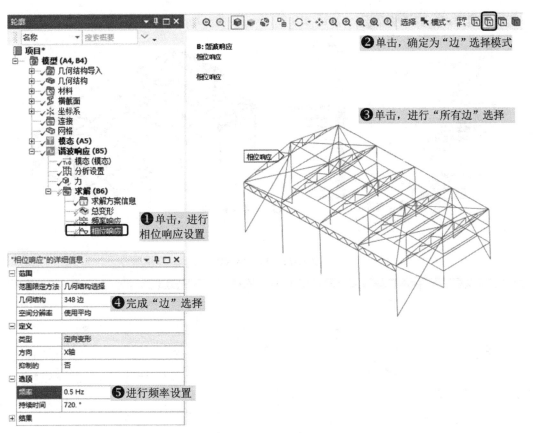

图 4-70　变形相位响应参数设置

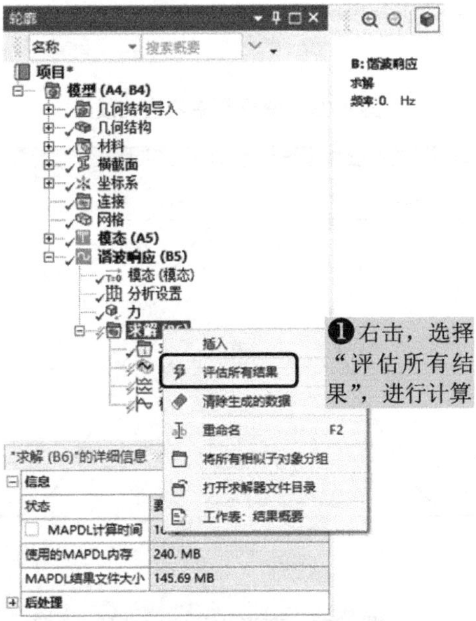

图 4-71　求解设置

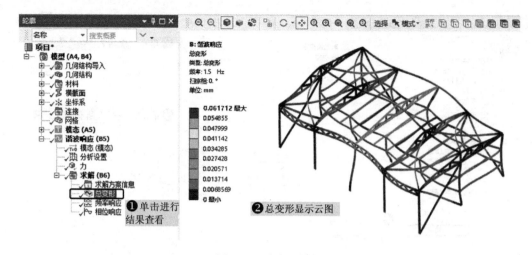

图 4-72　总变形云图

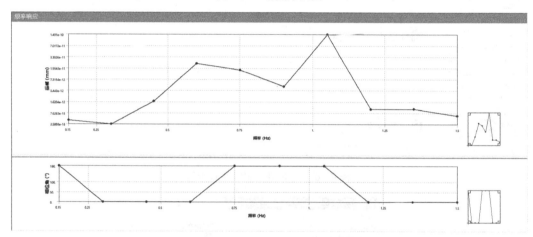

图 4-73　变形频率响应曲线

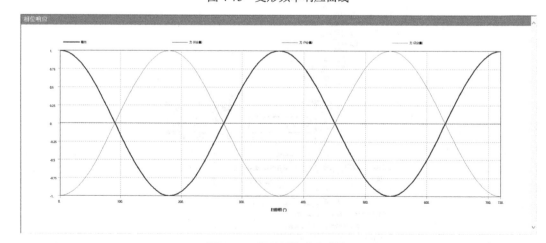

图 4-74　变形相位响应曲线

4.2.15　保存与退出

（1）单击 Mechanical 界面右上角的 " ✖ " 按钮，退出 Mechanical，返回到 Workbench 主界面。

（2）在 Workbench 界面进行文件保存，文件名称为 beam_Response。

Note

4.3 ▶ 本章小结

通过本章的学习，读者应对 ANSYS Workbench 谐响应分析模块及操作步骤有详细的了解，包括材料导入与建模、材料选择与材料属性赋予、有限元网格的划分、对模型施加边界条件、外载荷、谐响应参数设置及结果分析等。

第5章

响应谱分析

响应谱分析是一种频域分析，其输入载荷为振动载荷的频谱，如地震响应谱，常用的频谱为加速度频谱，也可以是速度频谱和位移频谱等。响应谱分析从频域的角度计算结构的峰值响应。

载荷频谱被定义为响应幅值与频率的关系曲线，响应谱分析计算结构各阶振型在给定的载荷频谱下的最大响应，这一最大响应是响应系数和振型的乘积，这些振型的最大响应组合在一起就给出了结构的总体响应。因此响应谱分析需要首先计算结构的固有频率和振型，必须在模态分析之后进行。

响应谱分析的一个替代方法是瞬态分析，瞬态分析可以得到结构随时间变化的响应，当然也可以得到结构的峰值响应，瞬态分析的结果更精确，但需要花费更多的时间。响应谱分析忽略了一些信息（如相位、时间历程等），但能够快速找到结构的最大响应，满足了很多动力设计的要求。

响应谱分析的应用非常广泛，最典型的应用是土木行业的地震响应谱分析，响应谱分析是地震分析的标准分析方法，被应用到各种结构的地震分析中，如核电站、大坝、建筑、桥梁等。任何受到地震或者其他振动载荷的结构或部件都可以用响应谱分析来进行校核。

频谱是用来描述理想化振动系统在动力载荷激励作用下的响应曲线，通常为位移或加速度响应，也称为响应谱。频谱是许多单自由度系统在给定激励下响应最大值的包络线，响应谱分析的频谱数据包括频谱曲线和激励方向。

我们可以通过图 5-1 来进一步说明，考虑安装于振动台的 4 个单自由度弹簧质量系统，频率分别为 f_1、f_2、f_3、f_4，且有 $f_1<f_2<f_3<f_4$。给振动台施加一种振动载荷激励，记录下每个单自由度系统的最大响应 u，可以得到 u-f 关系曲线，如图 5-2 所示，此曲线就是给定激励的频谱（响应谱）曲线。

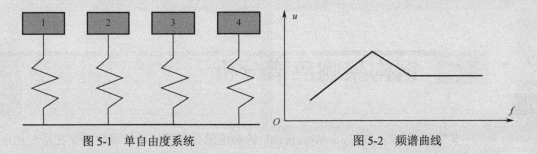

图 5-1　单自由度系统　　　　　　　　　　图 5-2　频谱曲线

　　频率和周期具有倒数关系，频谱通常以响应值-周期的关系曲线的形式给出。本章通过两个典型实例对 ANSYS Workbench 的响应谱分析模块进行详细讲解，介绍分析的一般步骤，包括材料赋予、模态分析的基本流程、响应谱分析的基本流程及后处理操作等。

学习目标

　　(1) 熟练掌握 ANSYS Workbench 模态分析的基本流程；
　　(2) 熟练掌握 ANSYS Workbench 响应谱分析的方法及过程。

5.1 钢构架响应谱分析

本节主要介绍 ANSYS Workbench 的响应谱分析模块，计算钢构架在给定加速度频谱下的响应。

5.1.1 问题描述

图 5-3 所示为钢构架模型，请用 ANSYS Workbench 分析计算钢构架在给定水平加速度谱下的响应情况，水平加速度谱数值如表 5-1 所示。

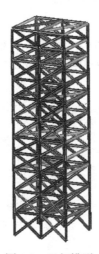

图 5-3　几何模型

表 5-1　水平加速度谱数值

自振周期/s	振动频率/Hz	水平加速度值	自振周期/s	振动频率/Hz	水平加速度值
0.05	20.0	0.1813	0.40	2.5	0.1930
0.1	10.0	0.25	0.425	2.3529	0.1827
0.20	5.0	0.25	0.45	2.2222	0.1736
0.225	4.4444	0.25	0.475	2.1053	0.1653
0.25	4.0	0.25	0.50	2.0	0.1579
0.275	3.6364	0.25	0.60	1.6667	0.1340
0.30	3.3333	0.25	0.80	1.25	0.1034
0.325	3.0769	0.2326	1.0	1.0	0.0846
0.35	2.8571	0.2176	2.0	0.5	0.0453
0.375	2.6667	0.2045	3.0	0.3333	0.0315

5.1.2 建立分析项目

在 Workbench 平台创建模态分析项目，如图 5-4 所示。

图 5-4 创建分析项目

5.1.3 导入几何模型

（1）导入几何模型，如图 5-5 所示。

图 5-5 导入几何模型

（2）启动几何结构软件，如图 5-6 所示。

Workbench 的几何结构软件默认有 3 个模块，用鼠标右键单击可以进行软件模块选择，例如本案例选取的为 DesignModeler 软件。

在 DesignModeler 软件中可以进行几何模型的修改，本案例不需要修改。

Note

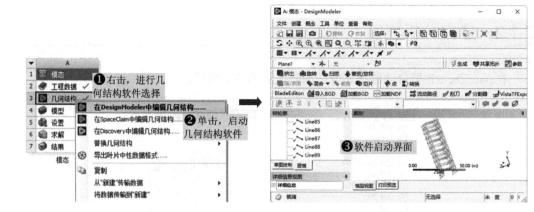

图 5-6　启动几何结构软件

5.1.4　添加材料库

本案例几何模型的材料为"结构钢"，此材料为 ANSYS Workbench 2022 默认被选中的材料，故不需要设置。

5.1.5　启动模态分析模块

启动模态分析模块，如图 5-7 所示。

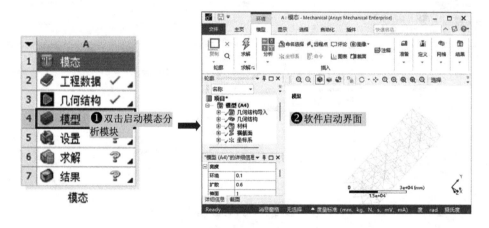

图 5-7　启动模态分析模块

5.1.6　划分网格

进行网格尺寸划分设置，如图 5-8 所示。

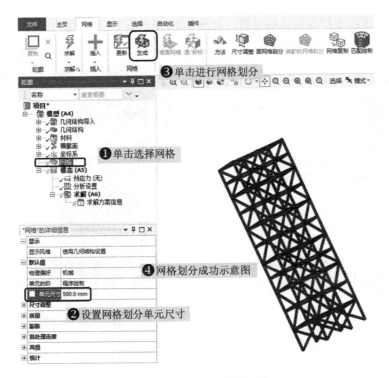

图 5-8　网格尺寸划分设置

5.1.7　施加载荷与约束

（1）添加固定支撑约束，如图 5-9 所示。

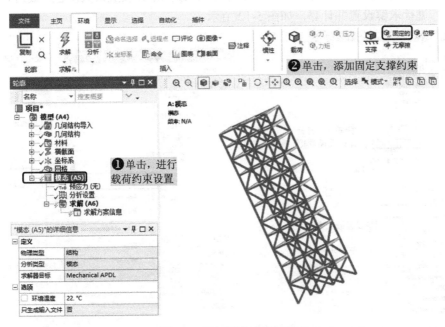

图 5-9　添加固定支撑约束

（2）进行固定支撑约束详细设置，如图 5-10 所示。

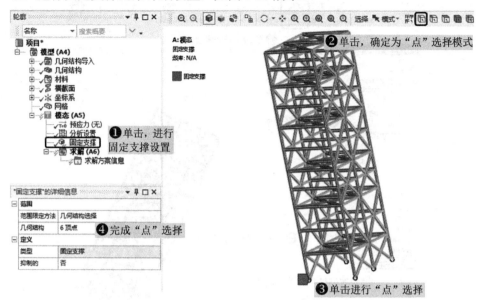

图 5-10　固定支撑约束详细设置

上述操作界面为设置完成后的示意图，后续类似的均为设置后的截图。

5.1.8　模态参数设置

（1）在分析设置中进行模态阶数设置，如图 5-11 所示，设置最大模态阶数为 6 阶。

（2）进行求解设置并计算，如图 5-12 所示。

图 5-11　最大模态阶数设置

图 5-12　求解设置

5.1.9　结果后处理

（1）添加一阶模态下的总变形分析结果，如图 5-13 所示。

图 5-13　添加一阶模态下的总变形分析结果

（2）添加二阶模态下的总变形分析结果，如图 5-14 所示。

图 5-14　添加二阶模态下的总变形分析结果

（3）参照步骤（1）及（2），依次添加三阶模态、四阶模态、五阶模态和六阶模态下的总变形分析结果，完成后如图5-15所示。

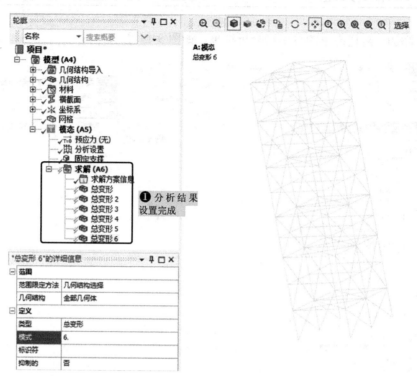

图 5-15　总变形设置完成

（4）进行求解设置并计算，如图5-16所示。

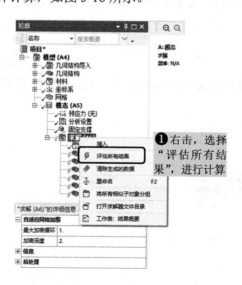

图 5-16　求解设置

（5）进行一阶模态下的总变形结果查看，如图5-17所示，可知一阶模态下的最大总变形约为0.05mm。

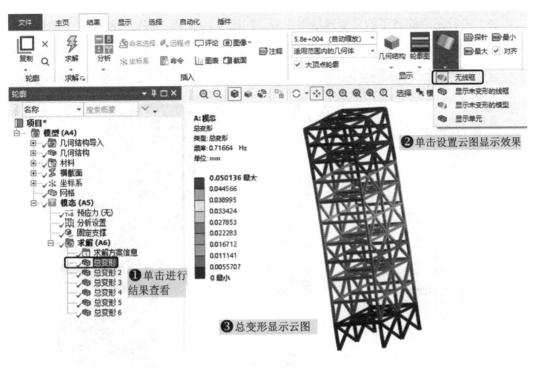

图 5-17　一阶模态振型云图

（6）进行二阶模态下的总变形结果查看，如图 5-18 所示，可知二阶模态下的最大总变形约为 0.066mm。

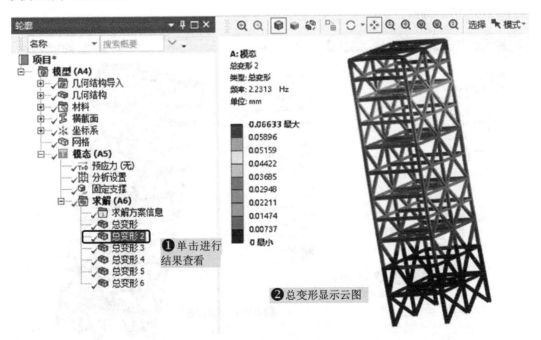

图 5-18　二阶模态振型云图

（7）进行三阶模态下的总变形结果查看，如图 5-19 所示，可知三阶模态下的最大总变形约为 0.0498mm。

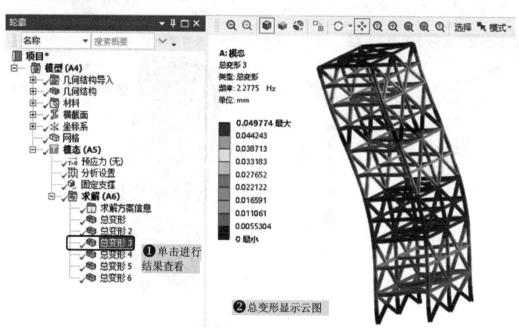

图 5-19　三阶模态振型云图

（8）进行四阶模态下的总变形结果查看，如图 5-20 所示，可知四阶模态下的最大总变形约为 0.0789mm。

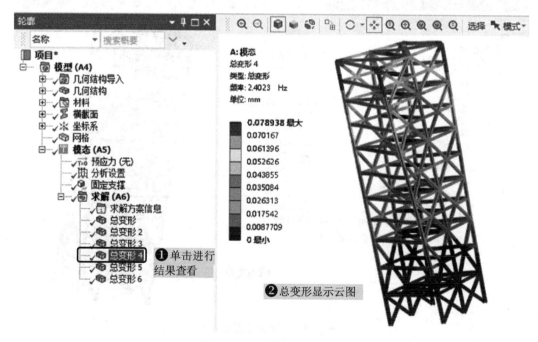

图 5-20　四阶模态振型云图

（9）进行五阶模态下的总变形结果查看，如图 5-21 所示，可知五阶模态下的最大总变形约为 0.0518mm。

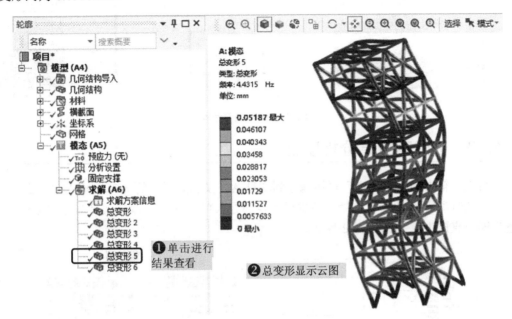

图 5-21　五阶模态振型云图

（10）进行六阶模态下的总变形结果查看，如图 5-22 所示，可知六阶模态下的最大总变形约为 0.253mm。

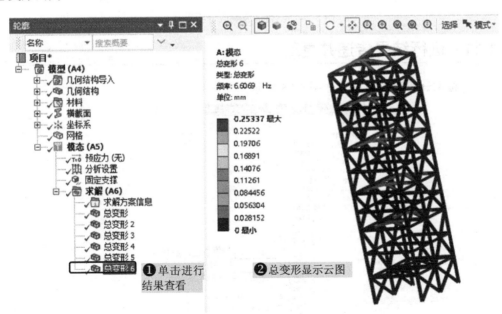

图 5-22　六阶模态振型云图

（11）在图形窗口下方，可以观察到模型的固有频率，如图 5-23 所示。

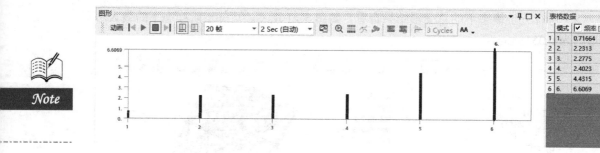

图 5-23 模型固有频率

5.1.10 创建响应谱分析项目

将工具箱中的"响应谱"直接拖曳到项目 A（模态分析）的 A6 求解中，如图 5-24 所示。此时项目 A 的所有前处理数据已经全部导入项目 B 中，双击项目 B 中的 B5"设置"即可直接进入 Mechanical 界面。

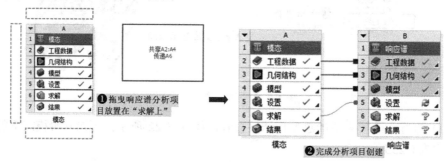

图 5-24 创建谐波响应分析项目

5.1.11 进行结果传递并更新

进行模态计算结果更新，如图 5-25 所示。

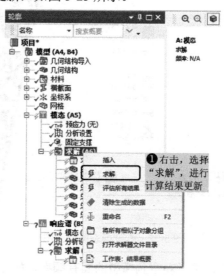

图 5-25 求解设置

5.1.12　添加加速度谱

（1）添加加速度激励，如图 5-26 所示。

图 5-26　添加加速度激励

（2）进行 RS 加速度详细参数设置，如图 5-27 所示。

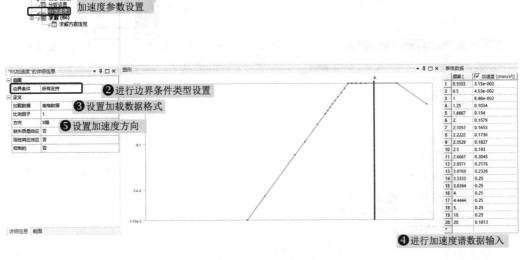

图 5-27　RS 加速度详细参数设置

ANSYS Workbench 项目应用案例视频精讲

Note

（3）进行求解设置并计算，如图 5-28 所示。

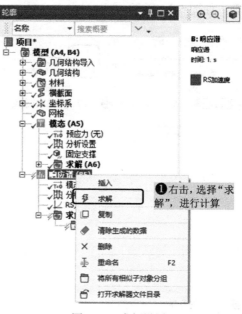

❶右击，选择"求解"，进行计算

图 5-28　求解设置

5.1.13　结果后处理

（1）添加总变形分析结果，如图 5-29 所示。

❷单击，添加总变形

❶单击，进行结果分析设置

图 5-29　添加总变形

（2）再次进行求解设置并计算，如图 5-30 所示。

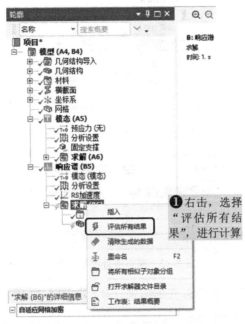

图 5-30　求解设置

（3）进行总变形结果查看，如图 5-31 所示。

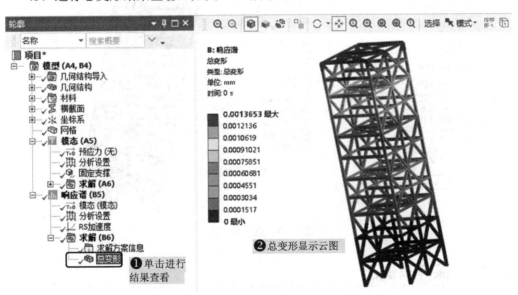

图 5-31　总变形云图

（4）将"模态组合类型"修改为"CQC"，并设置阻尼比率，如图 5-32 所示。

图 5-32　模态组合类型设置

（5）再次进行计算后，进行总变形结果查看，如图 5-33 所示。

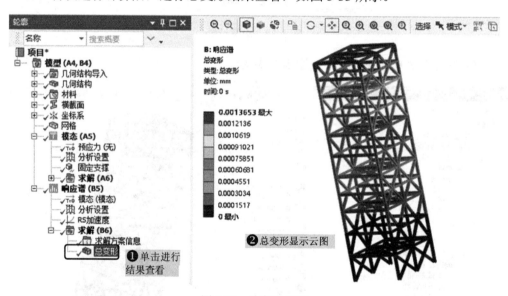

图 5-33　总变形云图

5.1.14　保存与退出

（1）单击 Mechanical 界面右上角的"**✕**"按钮，退出 Mechanical，返回到 Workbench 主界面。

（2）在 Workbench 界面进行文件保存，文件名称为 BeamResponseSpectrum。

5.2　简单梁单元响应谱分析

本节主要介绍 ANSYS Workbench 的响应谱分析模块，计算简单梁单元的模型在给定加速度频谱下的响应。

5.2.1　问题描述

图 5-34 所示为简单梁单元模型，请用 Workbench 分析计算梁单元在给定加速度频谱下的响应情况，加速度谱数值见表 5-2。

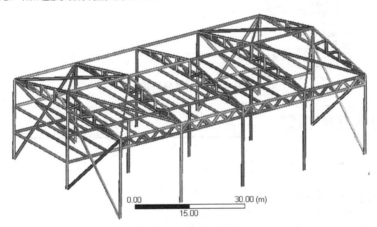

图 5-34　梁单元模型

表 5-2　加速度谱数值

自振周期/s	振动频率/Hz	加 速 度 值	自振周期/s	振动频率/Hz	加 速 度 值
0.10	0.002	1.00	0.070	8.67	0.200
0.11	0.003	1.11	0.088	10.00	0.165
0.13	0.003	1.25	0.105	11.11	0.153
0.14	0.005	1.43	0.110	12.50	0.140
0.17	0.006	1.67	0.130	14.29	0.131
0.20	0.006	2.00	0.150	18.67	0.121
0.25	0.010	2.50	0.200	19.00	0.111
0.33	0.021	3.33	0.255	25.00	0.100
0.50	0.032	4.00	0.265	50.00	0.100
0.67	0.047	5.00	0.255		

5.2.2 建立分析项目

在 Workbench 平台的定制系统内创建预应力模态分析项目，如图 5-35 所示。

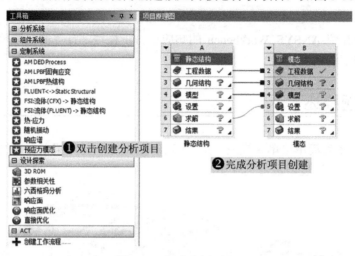

图 5-35 创建分析项目

5.2.3 导入几何模型

（1）导入几何模型，如图 5-36 所示。

图 5-36 导入几何模型

（2）启动几何结构软件，如图 5-37 所示。

 Workbench 的几何结构软件默认有 3 个模块，用鼠标右键单击可以进行软件模块选择，例如本案例选取的为 DesignModeler 软件。

 在 DesignModeler 软件中可以进行几何模型的修改，本案例不需要修改。

5.2.4　添加材料库

本案例几何模型的材料为"结构钢"，此材料为 ANSYS Workbench 2022 默认被选中的材料，故不需要设置。

5.2.5　启动静态结构分析模块

启动静态结构分析模块，如图 5-38 所示。

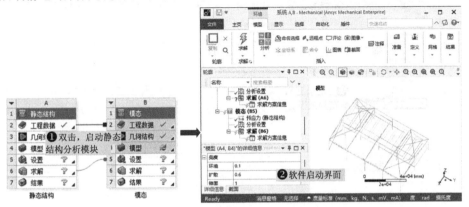

图 5-38　启动静态结构分析模块

5.2.6　划分网格

进行网格尺寸划分设置，如图 5-39 所示。

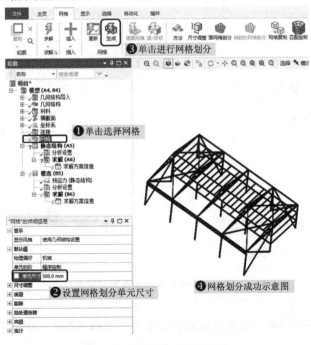

图 5-39　网格尺寸划分设置

5.2.7　施加载荷与约束

（1）添加固定支撑约束，如图 5-40 所示。

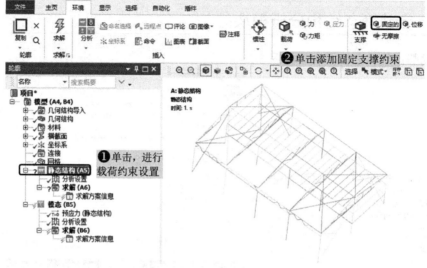

图 5-40　添加固定支撑约束

（2）进行固定支撑约束参数设置，如图 5-41 所示。

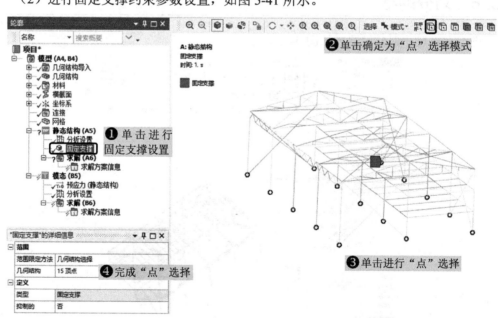

图 5-41　固定支撑约束参数设置

上述操作界面为设置完成后的示意图，后续类似的均为设置后的截图。

（3）添加标准地球重力载荷，如图 5-42 所示。

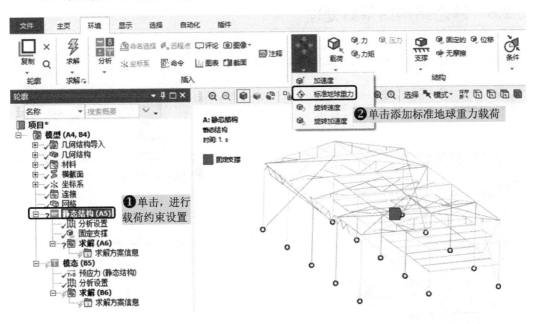

图 5-42　添加标准地球重力载荷

提　示　重力加速度方向默认为沿着 Z 轴负方向，此处不需要修改。

（4）进行求解设置并计算，如图 5-43 所示。

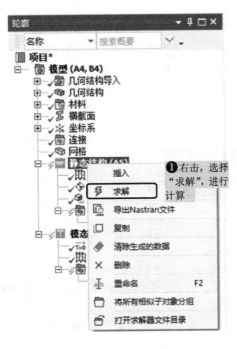

图 5-43　求解设置

5.2.8　静态结构结果后处理

（1）添加总变形分析结果，如图 5-44 所示。

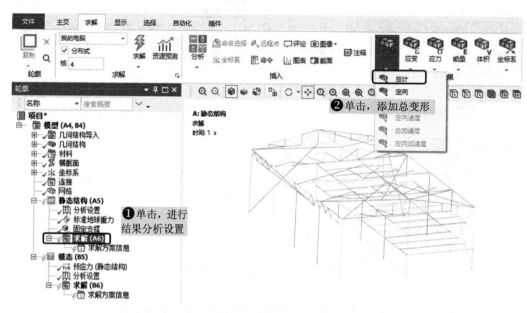

图 5-44　添加总变形分析结果

（2）添加梁工具分析结果，如图 5-45 所示。

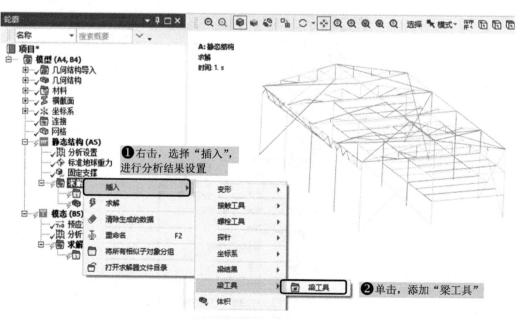

图 5-45　添加梁工具分析结果

（3）进行求解设置并计算，如图 5-46 所示。

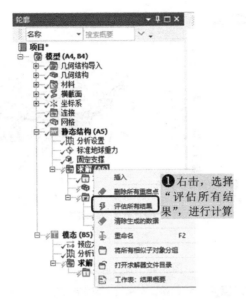

图 5-46　求解设置

（4）进行总变形结果查看，如图 5-47 所示。

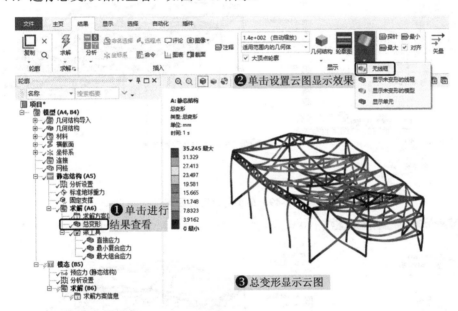

图 5-47　总变形云图

（5）进行直接应力结果查看，如图 5-48 所示。

（6）进行最小复合应力结果查看，如图 5-49 所示。

（7）进行最大组合应力结果查看，如图 5-50 所示。

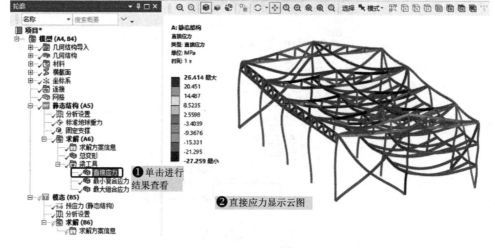

图 5-48　直接应力云图

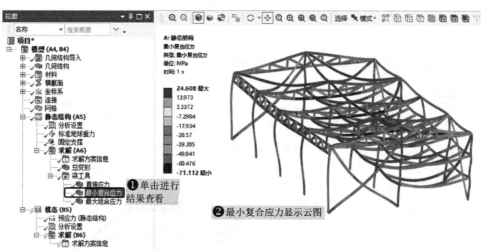

图 5-49　最小复合应力云图

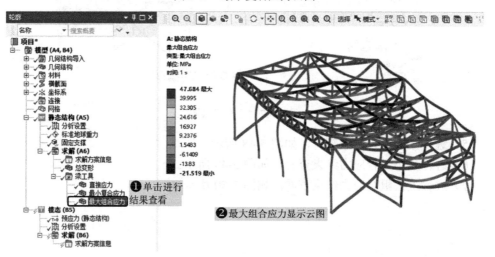

图 5-50　最大组合应力云图

5.2.9　模态参数设置

（1）在分析设置中进行模态阶数设置，如图 5-51 所示，设置最大模态阶数为 6 阶。

（2）进行求解设置并计算，如图 5-52 所示。

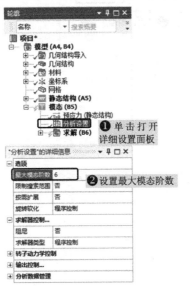

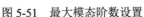

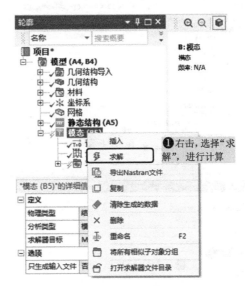

| 图 5-51　最大模态阶数设置 | 图 5-52　求解设置 |

5.2.10　模态结果后处理

（1）添加一阶模态下的总变形分析结果，如图 5-53 所示。

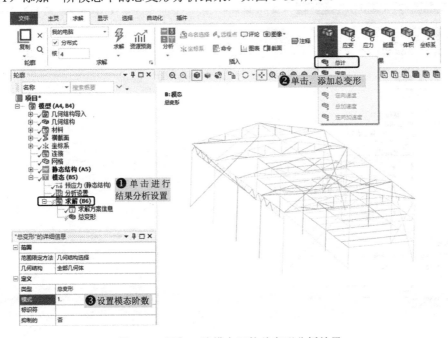

图 5-53　添加一阶模态下的总变形分析结果

（2）添加二阶模态下的总变形分析结果，如图 5-54 所示。

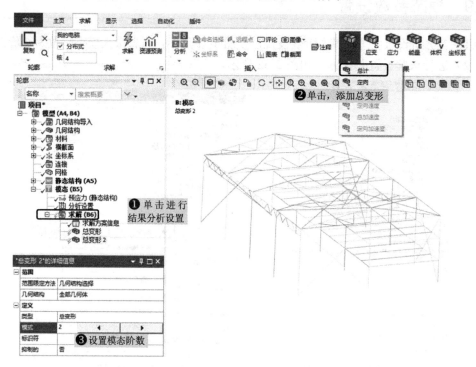

图 5-54　添加二阶模态下的总变形分析结果

（3）参照步骤（1）及（2），依次添加三阶模态、四阶模态、五阶模态和六阶模态下的总变形分析结果，设置结果如图 5-55 所示。

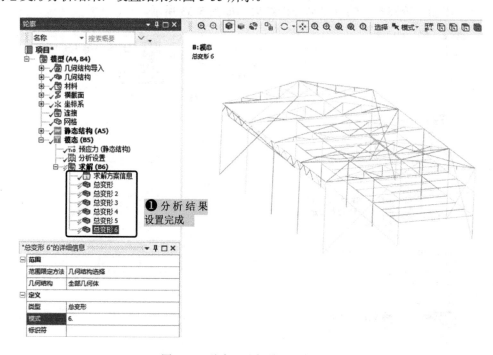

图 5-55　总变形分析结果设置完成

（4）进行求解设置并计算，如图 5-56 所示。

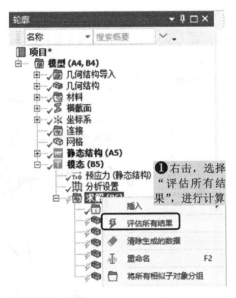

图 5-56　求解设置

（5）进行一阶模态下的总变形结果查看，如图 5-57 所示，可知一阶模态下的最大总变形约为 0.073mm。

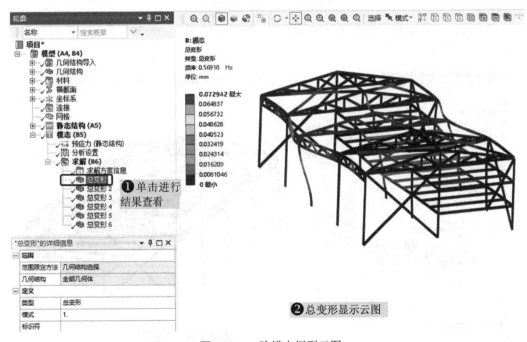

图 5-57　一阶模态振型云图

（6）进行二阶模态下的总变形结果查看，如图 5-58 所示，可知二阶模态下的最大总变形约为 0.0576mm。

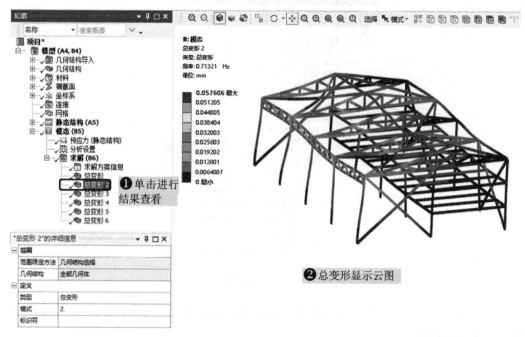

图 5-58 二阶模态振型云图

（7）进行三阶模态下的总变形结果查看，如图 5-59 所示，可知三阶模态下的最大总变形约为 0.144mm。

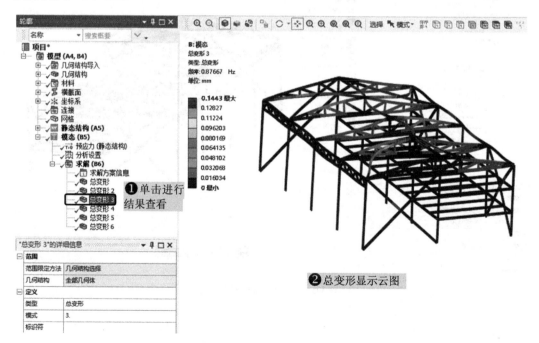

图 5-59 三阶模态振型云图

（8）进行四阶模态下的总变形结果查看，如图 5-60 所示，可知四阶模态下的最大总变形约为 0.146mm。

图 5-60　四阶模态振型云图

（9）进行五阶模态下的总变形结果查看，如图 5-61 所示，可知五阶模态下的最大总变形约为 0.111mm。

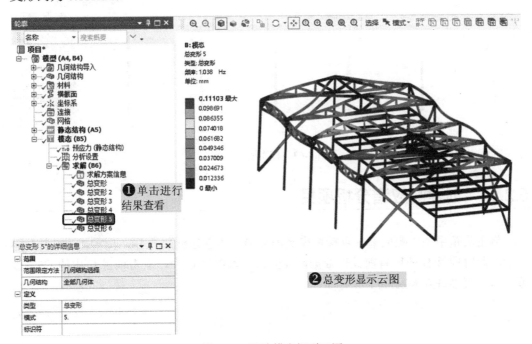

图 5-61　五阶模态振型云图

（10）进行六阶模态下的总变形结果查看，如图 5-62 所示，可知六阶模态下的最大总变形约为 0.0538。

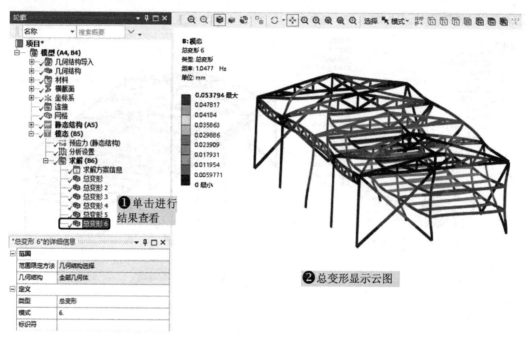

图 5-62　六阶模态振型云图

（11）在图形窗口下方，可以观察到模型的固有频率，如图 5-63 所示。

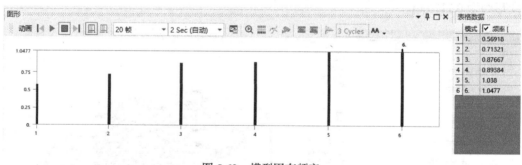

图 5-63　模型固有频率

5.2.11　创建响应谱分析项目

将工具箱中的"响应谱"直接拖曳到项目 B（模态分析）的 B6 求解中，如图 5-64 所示。此时项目 B 的所有前处理数据已经全部导入项目 C 中，双击项目 C 中的 C5 "设置"即可直接进入 Mechanical 界面。

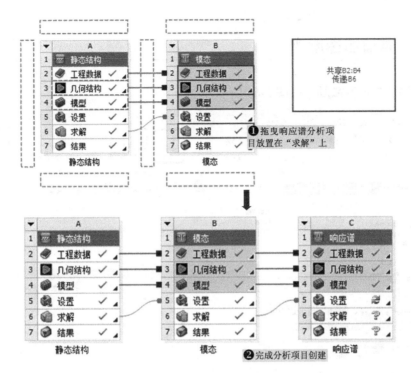

图 5-64　创建谐波响应分析项目

5.2.12　进行结果传递更新

进行模态计算结果更新，如图 5-65 所示。

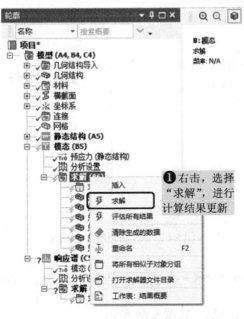

图 5-65　计算结果更新

149

5.2.13 添加加速度谱

（1）添加加速度激励，如图 5-66 所示。

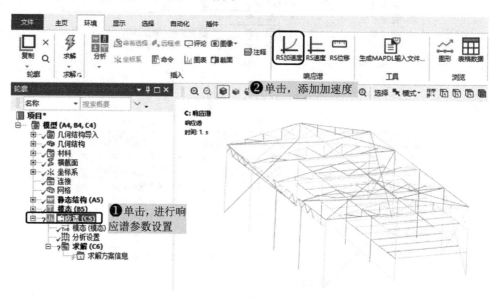

图 5-66　添加加速度激励

（2）进行 RS 加速度参数设置，如图 5-67 所示。

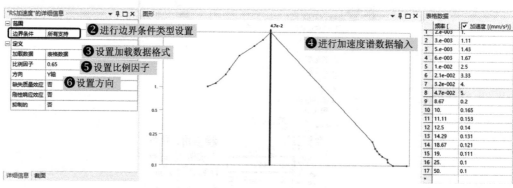

图 5-67　RS 加速度参数设置

 上述操作界面为设置完成后的示意图。

（3）进行求解设置并计算，如图 5-68 所示。

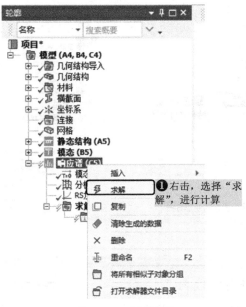

图 5-68　求解设置

5.2.14　响应谱结果后处理

（1）添加定向变形分析结果，如图 5-69 所示。

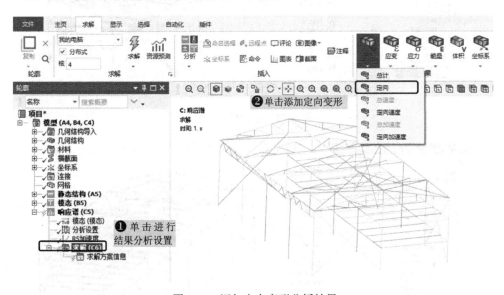

图 5-69　添加定向变形分析结果

（2）设置定向变形方向，如图 5-70 所示。

（3）再次进行求解设置并计算，如图 5-71 所示。

（4）进行定向变形结果查看，如图 5-72 所示。

（5）进行定向变形节点数据输出，如图 5-73 所示。

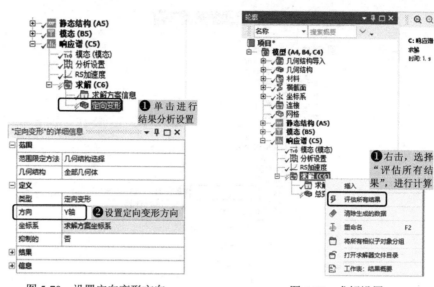

图 5-70 设置定向变形方向　　　　图 5-71 求解设置

图 5-72 定向变形云图

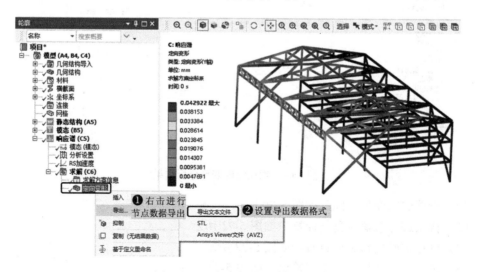

图 5-73 定向变形节点数据导出

所有节点的变形数据结果保存为文本文档格式，并以默认的 Excel 打开即可。

5.2.15 保存与退出

（1）单击 Mechanical 界面右上角的"✕"按钮，退出 Mechanical，返回到 Workbench 主界面。

（2）在 Workbench 界面进行文件保存，文件名称为 simple_BeamResponseSpectrum。

5.3 本章小结

通过本章的学习，读者应对 ANSYS Workbench 响应谱分析模块及操作步骤有详细的了解，包括材料导入与建模、材料选择与材料属性赋予、有限元网格的划分、对模型施加边界条件、预应力模态、加速度谱参数设置及结果分析等。

第6章

随机振动分析

随机振动分析也称为功率谱密度分析，是一种基于概率统计学理论的谱分析技术。现实中很多情况下的载荷是不确定的，如每次火箭发射会产生不同时间历程的振动载荷，汽车在路上行驶时每次的振动载荷也会有所不同，由于时间历程的不确定性，不能选择瞬态分析进行模拟计算，于是从概率统计学角度出发，将时间历程的统计样本转变为功率谱密度函数（PSD）——随机载荷时间历程的统计响应，在功率谱密度函数的基础上进行随机振动分析，得到响应的概率统计值。

功率谱密度函数（PSD）是随机变量自相关函数的频域描述，能够反映随机载荷的频率成分。随机振动分析是一种频域分析，进行随机振动分析首先要进行模态分析，在模态分析的基础上再进行随机振动分析。

模态分析应该提取主要被激活振型的频率和振型，提取出来的频谱应该位于PSD曲线频率范围之内，为了保证计算考虑所有影响显著的振型，通常PSD曲线的频谱范围不能太小，应该一直延伸到谱值较小的区域，而且模态提取的频率也应该延伸到谱值较小的频率区（比较小的频率区仍然位于频谱曲线范围之内）。

本章通过典型实例对 ANSYS Workbench 的随机振动分析模块进行详细讲解，介绍分析的一般步骤，包括材料赋予、预应力模态分析的基本流程、随机振动分析的基本流程及后处理操作等。

学习目标

(1) 熟练掌握 ANSYS Workbench 预应力模态分析的基本流程；
(2) 熟练掌握 ANSYS Workbench 随机振动分析的方法及过程。

6.1 简单梁随机振动分析

本节主要介绍 ANSYS Workbench 的随机振动分析模块，计算简单梁单元的模型在给定加速度频谱下的随机振动情况。

6.1.1 问题描述

图 6-1 所示为简单梁单元模型，请用 ANSYS Workbench 分析计算梁单元在给定加速度频谱下的随机振动情况，加速度谱数值见表 6-1。

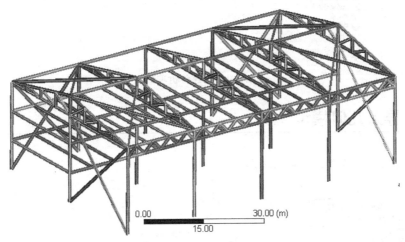

图 6-1　梁单元模型

表 6-1　加速度谱数值

自振周期/s	振动频率/Hz	水平地震谱值	自振周期/s	振动频率/Hz	水平地震谱值
0.10	0.002	1.00	0.070	8.67	0.200
0.11	0.003	1.11	0.088	10.00	0.165
0.13	0.004	1.25	0.25	0.010	2.50
0.14	0.005	1.43	0.33	0.021	3.33
0.17	0.006	1.67	0.50	0.032	4.00
0.20	0.008	2.00	0.67	0.047	5.00
0.105	11.11	0.153	0.200	19.00	0.111
0.110	12.50	0.140	0.255	25.00	0.100
0.130	14.29	0.131	0.265	50.00	0.100
0.150	18.67	0.121	0.255		

6.1.2　建立分析项目

在 Workbench 平台的定制系统内创建预应力模态分析项目，如图 6-2 所示。

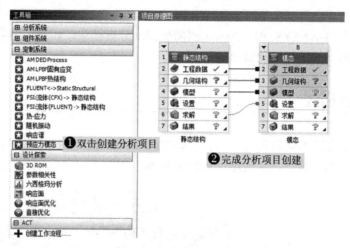

图 6-2　创建分析项目

6.1.3　导入几何模型

（1）导入几何模型，如图 6-3 所示。

图 6-3　导入几何模型

（2）启动几何结构软件，如图 6-4 所示。

Workbench 的几何结构软件默认有 3 个模块，用鼠标右键单击可以进行软件模块选择，例如本案例选取的为 DesignModeler 软件。

在 DesignModeler 软件中可以进行几何模型的修改，本案例不需要修改。

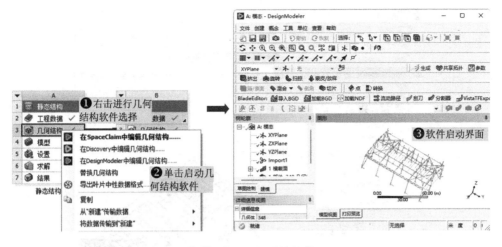

图 6-4　启动几何结构软件

6.1.4　添加材料库

本案例几何模型的材料为"结构钢"，此材料为 ANSYS Workbench 2022 默认被选中的材料，故不需要设置。

6.1.5　启动静态结构分析模块

启动静态结构分析模块，如图 6-5 所示。

图 6-5　启动静态结构分析模块

6.1.6　划分网格

进行网格尺寸划分设置，如图 6 6 所示。

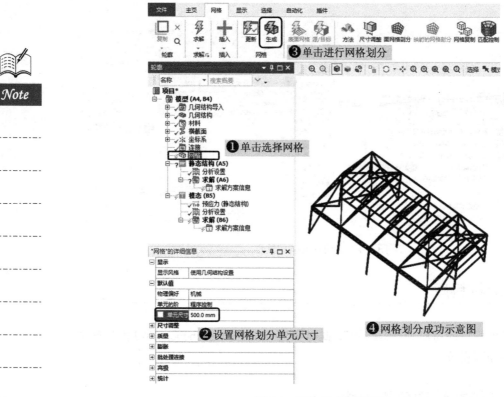

图 6-6　网格尺寸划分设置

6.1.7　施加载荷与约束

（1）添加固定支撑约束，如图 6-7 所示。

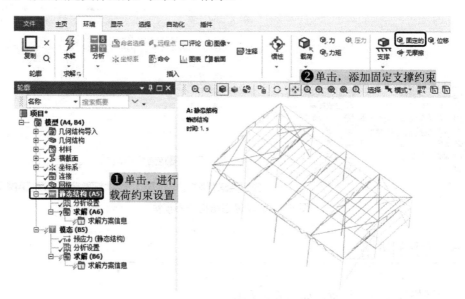

图 6-7　添加固定支撑约束

（2）进行固定支撑约束参数设置，如图 6-8 所示。

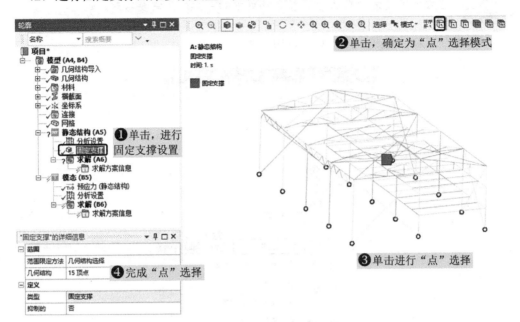

图 6-8　固定支撑约束参数设置

上述操作界面为设置完成后的示意图，后续类似的均为设置后的截图。

（3）添加标准地球重力载荷，如图 6-9 所示。

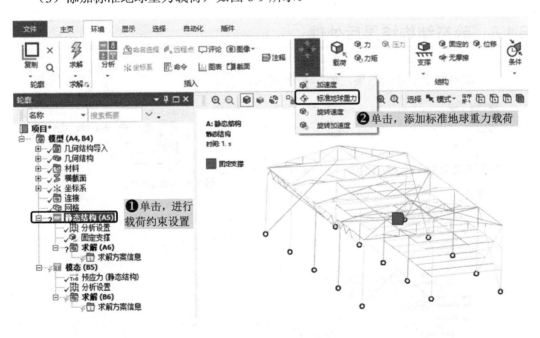

图 6-9　添加标准地球重力载荷

重力加速度方向默认为沿着 Z 轴负方向，此处不需要修改。

（4）进行求解设置并计算，如图 6-10 所示。

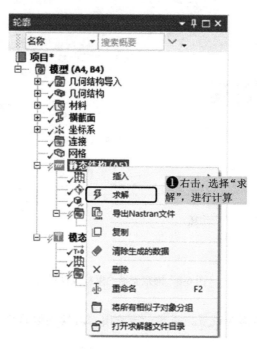

图 6-10 求解设置

6.1.8 静态结构结果后处理

（1）添加总变形分析结果，如图 6-11 所示。

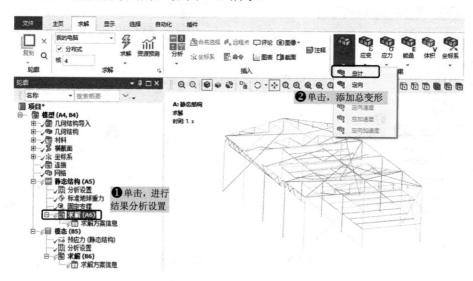

图 6-11 添加总变形分析结果

（2）进行求解设置并计算，如图 6-12 所示。

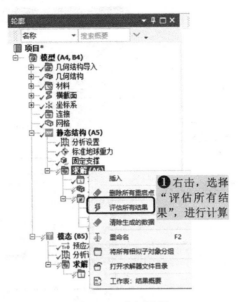

图 6-12　求解设置

（3）进行总变形结果查看，如图 6-13 所示。

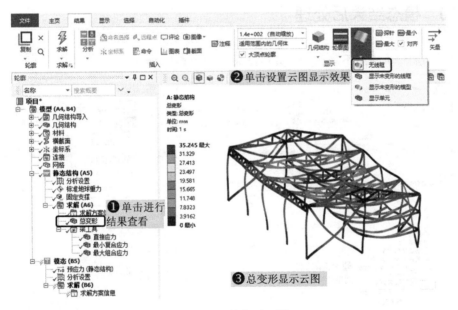

图 6-13　总变形云图

6.1.9　模态参数设置

（1）在分析设置中进行模态阶数设置，如图 6-14 所示，设置最大模态阶数为 6 阶。

（2）进行求解设置并计算，如图 6-15 所示。

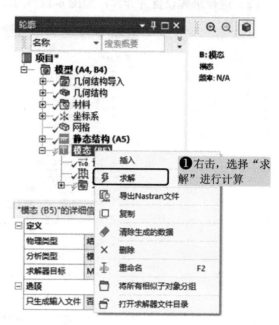

图 6-14 最大模态阶数设置　　　　　　　　　　图 6-15 求解设置

6.1.10 模态结果后处理

（1）添加一阶模态下的总变形分析结果，如图 6-16 所示。

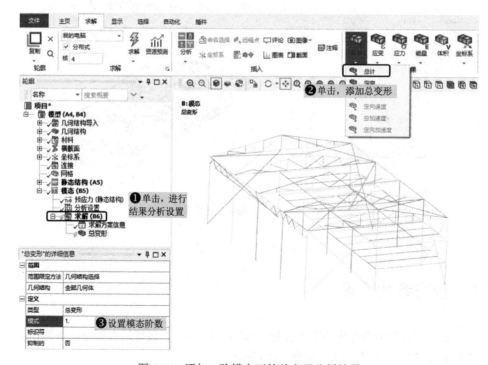

图 6-16 添加一阶模态下的总变形分析结果

（2）参照步骤（1），依次添加二阶模态、三阶模态、四阶模态、五阶模态和六阶模态下的总变形分析结果，完成后如图 6-17 所示。

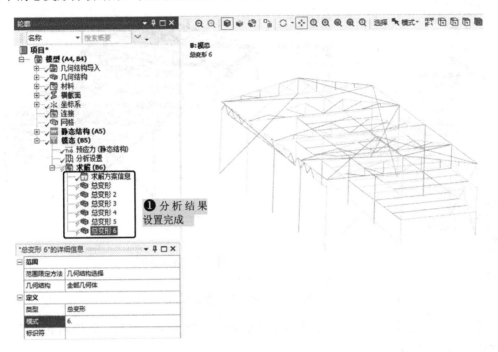

图 6-17　总变形设置完成后

（3）进行求解设置并计算，如图 6-18 所示。

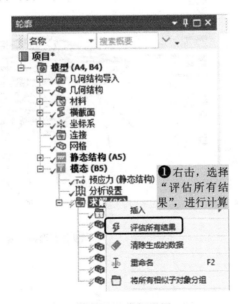

图 6-18　求解设置

（4）进行一阶模态下的总变形结果查看，如图 6-19 所示，可知一阶模态下的最大总变形约为 0.073mm。

163

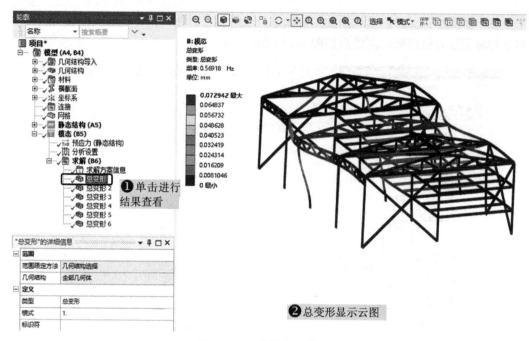

图 6-19　一阶模态振型云图

（5）进行二阶模态下的总变形结果查看，如图 6-20 所示，可知二阶模态下的最大总变形约为 0.0576mm。

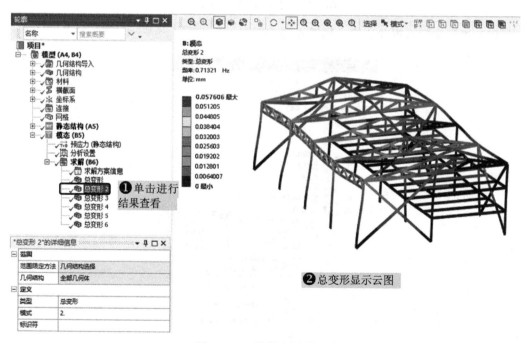

图 6-20　二阶模态振型云图

（6）进行三阶模态下的总变形结果查看，如图 6-21 所示，可知三阶模态下的最大总变形约为 0.144mm。

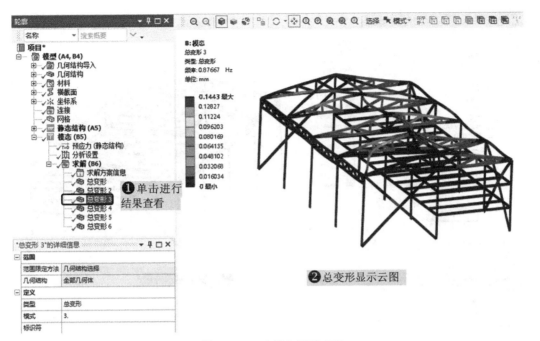

图 6-21　三阶模态振型云图

（7）进行四阶模态下的总变形结果查看，如图 6-22 所示，可知四阶模态下的最大总变形约为 0.146mm。

图 6-22　四阶模态振型云图

（8）进行五阶模态下的总变形结果查看，如图 6-23 所示，可知五阶模态下的最大总变形约为 0.111mm。

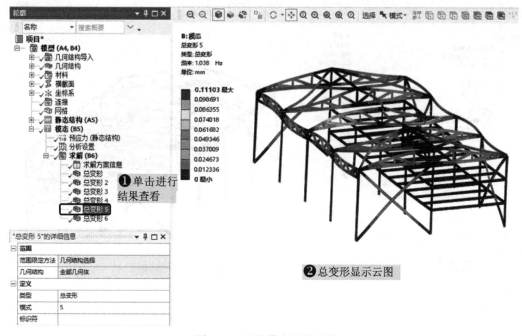

图 6-23　五阶模态振型云图

（9）进行六阶模态下的总变形结果查看，如图 6-24 所示，可知六阶模态下的最大总变形约为 0.0538mm。

图 6-24　六阶模态振型云图

（10）在图形窗口下方，可以观察到模型的固有频率，如图 6-25 所示。

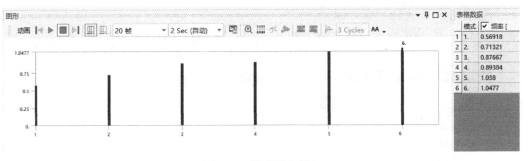

图 6-25　模型固有频率

6.1.11　创建随机振动分析项目

将工具箱中的"随机振动"直接拖曳到项目 B（模态分析）的 B6 求解中，如图 6-26 所示。此时项目 B 的所有前处理数据已经全部导入项目 C 中，双击项目 C 中的 C5"设置"即可直接进入 Mechanical 界面。

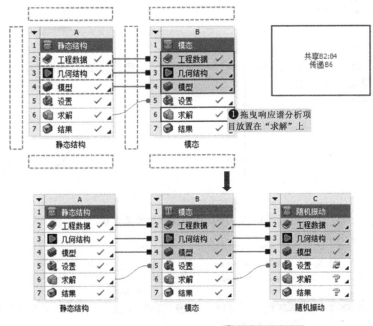

图 6-26　创建随机振动分析项目

6.1.12　添加加速度谱

（1）添加加速度激励，如图 6-27 所示。
（2）进行 PSD 加速度激励参数设置，如图 6-28 所示。
（3）添加 PDS 加速度 2 激励，如图 6-29 所示。

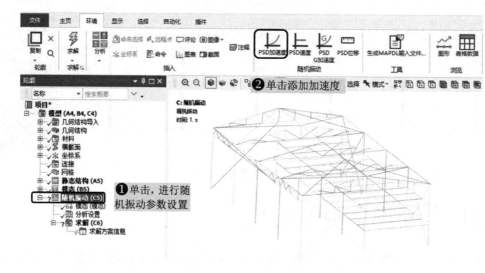

图 6-27　添加加速度激励

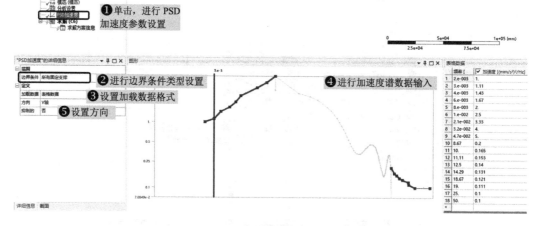

图 6-28　PSD 加速度激励参数设置

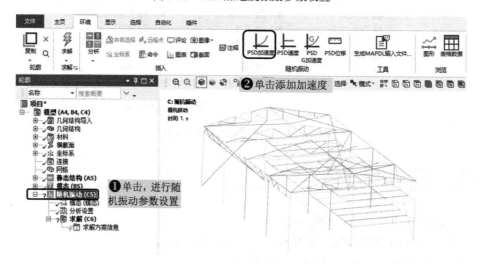

图 6-29　添加 PDS 加速度 2 激励

（4）进行 PDS 加速度 2 激励参数设置，如图 6-30 所示。

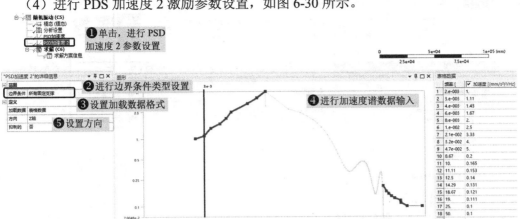

图 6-30　PSD 加速度 2 激励参数设置

上述操作界面为设置完成后的示意图。

（5）进行求解设置并计算，如图 6-31 所示。

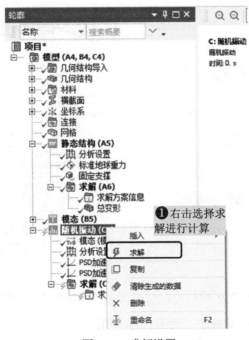

图 6-31　求解设置

6.1.13　随机振动结果后处理

（1）添加定向变形分析结果，如图 6-32 所示。

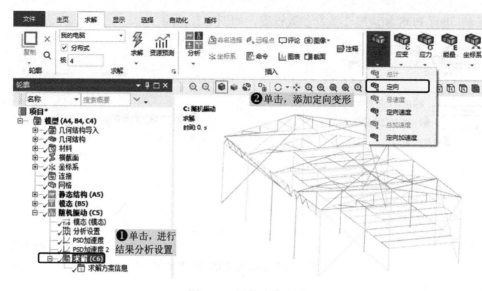

图 6-32　添加定向变形

（2）设置定向变形方向，如图 6-33 所示。

（3）再次进行求解设置并计算，如图 6-34 所示。

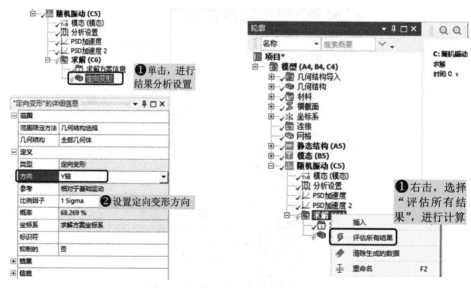

图 6-33　设置定向变形方向　　　　　　　图 6-34　求解设置

（4）进行定向变形结果查看，如图 6-35 所示。

（5）进行定向变形节点数据输出，如图 6-36 所示。

所有节点的变形数据结果保存为文本文档格式，并以默认的 Excel 打开即可。

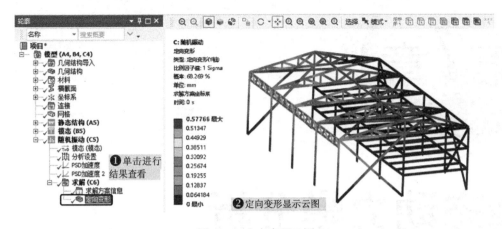

图 6-35 定向变形云图

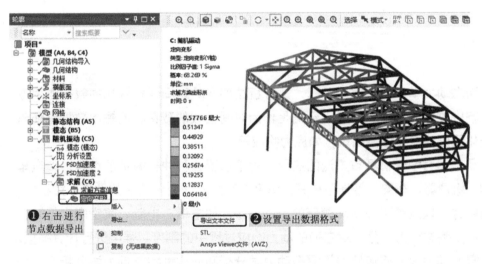

图 6-36 定向变形节点数据导出

6.1.14 保存与退出

（1）单击 Mechanical 界面右上角的"✕"按钮，退出 Mechanical，返回到 Workbench 主界面。

（2）在 Workbench 界面进行文件保存，文件名称为 simple_Beam_Random。

6.2 本章小结

通过本章的学习，读者应对 ANSYS Workbench 随机振动分析模块及操作步骤有详细的了解，包括模型导入、有限元网格的划分、对模型施加边界条件、预应力模态、加速度参数设置及结果分析等。

第7章

瞬态动力学分析

瞬态动力学分析是时域分析，是分析结构在随时间任意变化的载荷作用下动力响应过程的技术。其输入数据是作为时间函数的载荷，而输出数据是随时间变化的位移或其他输出量，如应力响应等。

瞬态动力学分析具有广泛的应用。对于承受各种冲击载荷的结构，如汽车的门、缓冲器、车架、悬挂系统等，承受各种随时间变化载荷的结构，如桥梁、建筑物等，以及承受撞击和颠簸的家庭设备，如电话、电脑、真空吸尘器等，都可以用瞬态动力学分析对它们的动力响应过程中的刚度、强度进行计算模拟。

瞬态动力学分析包括线性瞬态动力学分析和非线性瞬态动力学分析两种分析类型。

所谓线性瞬态动力学分析，是指模型中不包括任何非线性行为，适用于线性材料、小位移、小应变、刚度不变结构的瞬态动力学分析，其算法有两种：直接法和模态叠加法。

非线性瞬态动力学分析具有更广泛的应用，可以考虑各种非线性行为，如材料非线性、大变形、大位移、接触、碰撞等，本章主要介绍线性瞬态动力学分析。

学习目标

(1) 熟练掌握 ANSYS Workbench 瞬态动力学分析的方法及过程；
(2) 熟练掌握 ANSYS Workbench 瞬态动力学分析结果的后处理方法。

7.1　汽车主轴的瞬态动力学分析

本节主要介绍 ANSYS Workbench 的瞬态动力学分析模块，通过对汽车主轴的瞬态动力学分析，让读者掌握瞬态动力学分析的基本过程。

7.1.1　问题描述

图 7-1 所示为汽车主轴几何模型，由 4 部分组成，两个主轴通过两个转轴销结合在一起，转轴一端传递载荷，主轴一端受力，而另一端为全约束。

图 7-1　几何模型

7.1.2　建立分析项目

在 Workbench 平台内创建瞬态结构分析项目，如图 7-2 所示。

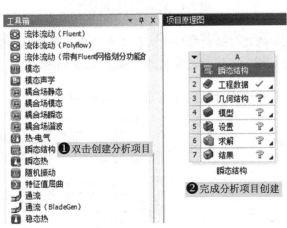

图 7-2　创建分析项目

7.1.3　导入几何模型

（1）导入几何模型，如图 7-3 所示。

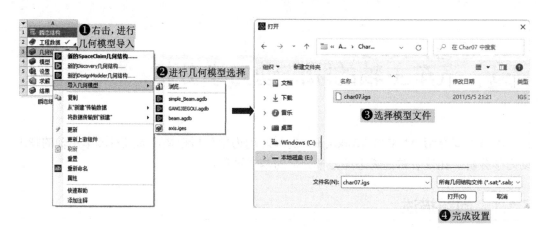

图 7-3　导入几何模型

（2）启动几何结构软件，如图 7-4 所示。

图 7-4　启动几何结构软件

Workbench 的几何结构软件默认有 3 个模块，用鼠标右键单击可以进行软件模块选择，例如本案例选取的为 DesignModeler 软件。

（3）在几何结构软件中进行几何模型导入，如图 7-5 所示。

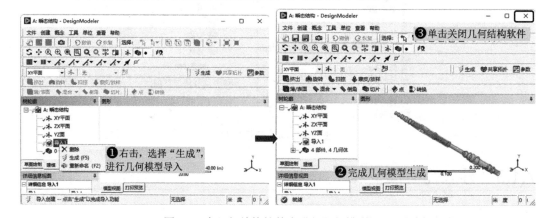

图 7-5　在几何结构软件中进行几何模型导入

在 DesignModeler 软件中可以进行几何模型修改，本案例不需要修改。

7.1.4　添加材料库

本案例几何模型的材料为"结构钢"，此材料为 ANSYS Workbench 2022 默认被选中的材料，故不需要设置。

7.1.5　启动瞬态结构分析模块

启动瞬态结构分析模块，如图 7-6 所示。

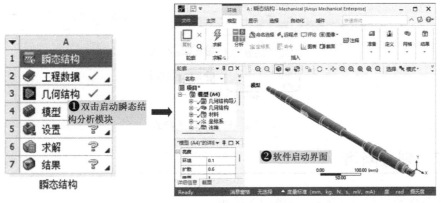

图 7-6　启动静态结构分析模块

7.1.6　创建坐标系

（1）进行坐标系创建，如图 7-7 所示。

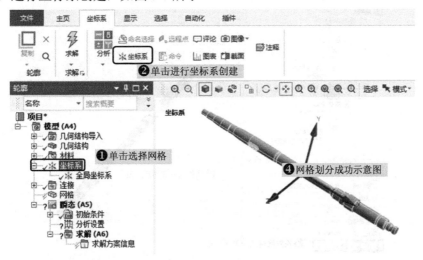

图 7-7　创建坐标系

（2）进行坐标系参数设置，如图 7-8 所示。

图 7-8　设置坐标系参数

7.1.7　划分网格

进行网格尺寸划分设置，如图 7-9 所示。

图 7-9　网格尺寸划分设置

7.1.8 瞬态求解参数设置

（1）在分析设置中进行求解选项第 1 步设置，如图 7-10 所示。

（2）在分析设置中进行求解选项第 2 步设置，如图 7-11 所示。

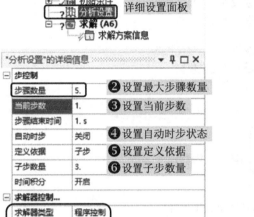

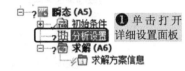

图 7-10 求解选项第 1 步设置　　　图 7-11 求解选项第 2 步设置

（3）在分析设置中进行求解选项第 3 步设置，如图 7-12 所示。

（4）在分析设置中进行求解选项第 4 步设置，如图 7-13 所示。

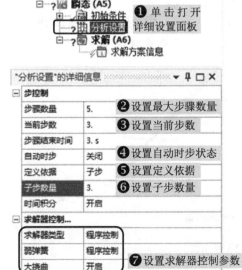

图 7-12 求解选项第 3 步设置　　　图 7-13 求解选项第 4 步设置

（5）在分析设置中进行求解选项第5步设置，如图7-14所示。

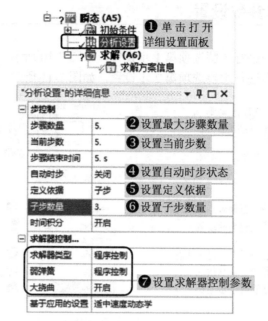

图 7-14　求解选项第 5 步设置

7.1.9　施加载荷与约束

（1）添加固定支撑约束，如图7-15所示。

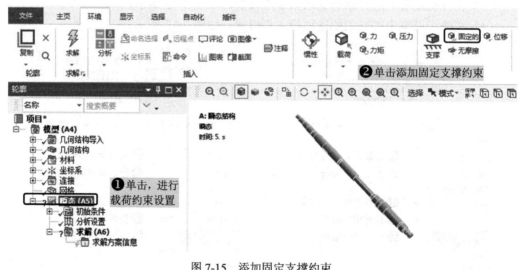

图 7-15　添加固定支撑约束

（2）进行固定支撑约束详细设置，如图7-16所示。

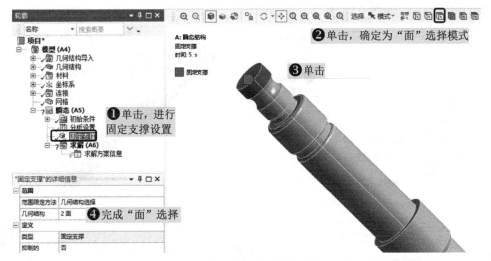

图 7-16 固定支撑约束详细设置

 上述操作界面为设置完成后的示意图，后续类似的均为设置后的截图。

（3）添加力矩载荷，如图 7-17 所示。

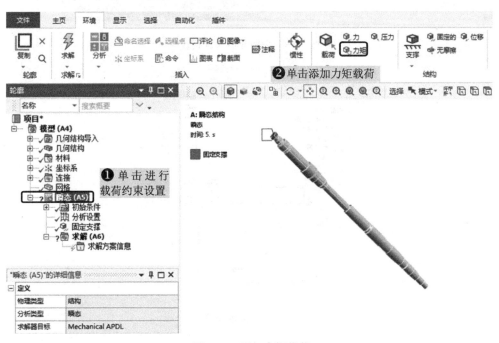

图 7-17 添加力矩载荷

（4）进行力矩载荷参数设置，如图 7-18 所示。

（5）进行求解设置并计算，如图 7-19 所示。

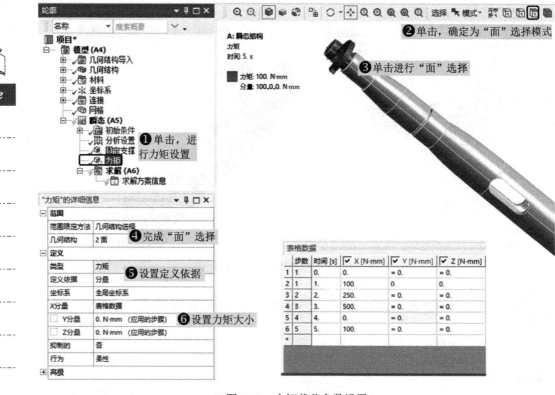

图 7-18 力矩载荷参数设置

图 7-19 求解设置

7.1.10 结果后处理

（1）添加等效应力分析结果，如图 7-20 所示。

（2）添加定向速度分析结果，如图 7-21 所示。

（3）进行定向速度参数设置，如图 7-22 所示。

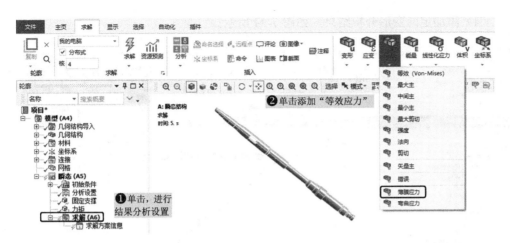

图 7-20　添加等效应力分析结果

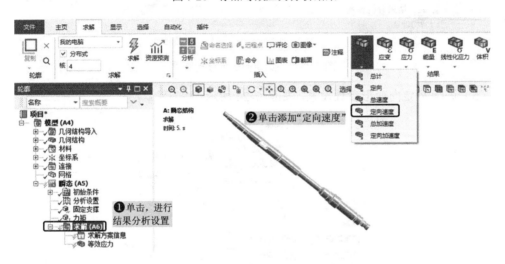

图 7-21　添加定向速度分析结果

图 7-22　定向速度参数设置

（4）添加定向变形分析结果，如图 7-23 所示。

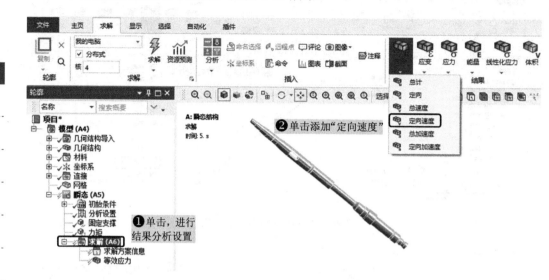

图 7-23　添加定向变形分析结果

（5）进行 Y 定向变形参数设置，如图 7-24 所示。

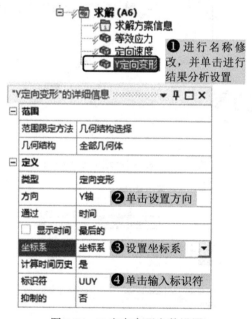

图 7-24　Y 定向变形参数设置

（6）添加定向变形分析结果，如图 7-25 所示。

（7）进行 X 定向变形参数设置，如图 7-26 所示。

（8）添加"用户定义的结果"分析结果，如图 7-27 所示。

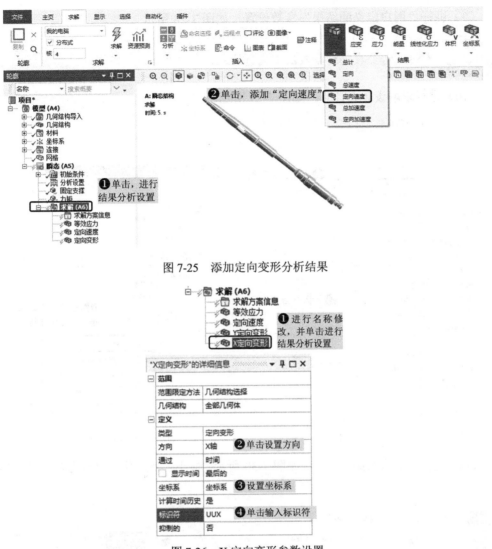

图 7-25　添加定向变形分析结果

图 7-26　X 定向变形参数设置

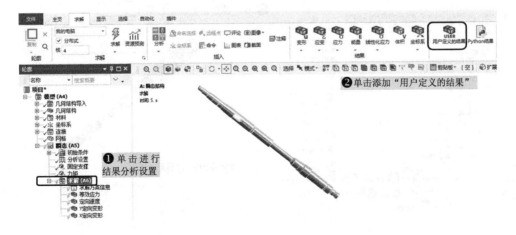

图 7-27　添加"用户定义的结果"分析结果

（9）进行"用户定义的结果"参数设置，如图7-28所示。

> 提示　表达式需要在英文输入法下进行输入。

（10）进行求解设置并计算，如图7-29所示。

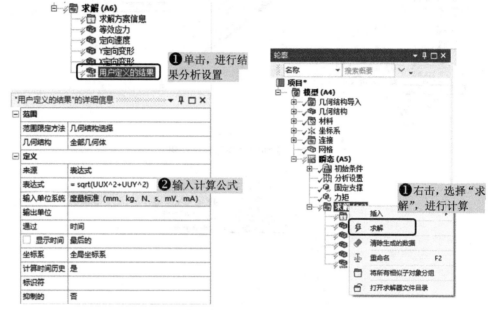

图7-28　用户定义的结果参数设置　　　　　图7-29　求解设置

（11）进行等效应力结果查看，如图7-30所示。最小、最大及平均等效应力如图7-31所示。

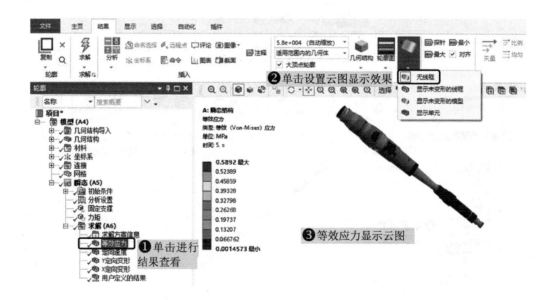

图7-30　等效应力云图

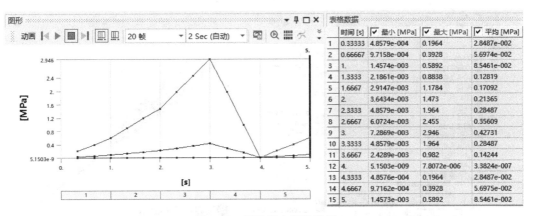

图 7-31　等效应力表格数据

	时间 [s]	最小 [MPa]	最大 [MPa]	平均 [MPa]
1	0.33333	4.8579e-004	0.1964	2.8487e-002
2	0.66667	9.7158e-004	0.3928	5.6974e-002
3	1.	1.4574e-003	0.5892	8.5461e-002
4	1.3333	2.1861e-003	0.8838	0.12819
5	1.6667	2.9147e-003	1.1784	0.17092
6	2.	3.6434e-003	1.473	0.21365
7	2.3333	4.8579e-003	1.964	0.28487
8	2.6667	6.0724e-003	2.455	0.35609
9	3.	7.2869e-003	2.946	0.42731
10	3.3333	4.8579e-003	1.964	0.28487
11	3.6667	2.4289e-003	0.982	0.14244
12	4.	5.1503e-009	7.8072e-006	3.3824e-007
13	4.3333	4.8576e-003	0.1964	2.8487e-002
14	4.6667	9.7162e-003	0.3928	5.6975e-002
15	5.	1.4573e-003	0.5892	8.5461e-002

（12）进行定向速度结果查看，如图 7-32 所示。最小、最大及平均定向速度如图 7-33 所示。

图 7-32　定向速度云图

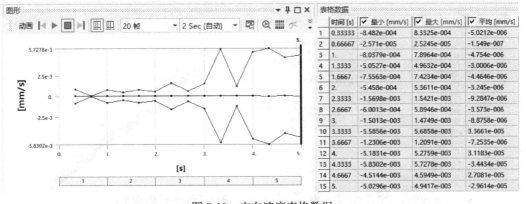

图 7-33　定向速度表格数据

	时间 [s]	最小 [mm/s]	最大 [mm/s]	平均 [mm/s]
1	0.33333	-8.482e-004	8.3325e-004	-5.0212e-006
2	0.66667	-2.571e-005	2.5245e-005	-1.549e-007
3	1.	-8.0379e-004	7.8964e-004	-4.754e-006
4	1.3333	-5.0527e-004	4.9632e-004	-3.0006e-006
5	1.6667	-7.5563e-004	7.4234e-004	-4.4646e-006
6	2.	-5.458e-004	5.3611e-004	-3.245e-006
7	2.3333	-1.5698e-003	1.5421e-003	-9.2847e-006
8	2.6667	-6.0013e-004	5.8946e-004	-3.573e-006
9	3.	-1.5013e-003	1.4749e-003	-8.8758e-006
10	3.3333	-5.5856e-003	5.6858e-003	3.3661e-005
11	3.6667	-1.2306e-003	1.2091e-003	-7.2535e-006
12	4.	-5.1831e-003	5.2759e-003	3.1183e-005
13	4.3333	-5.8302e-003	5.7278e-003	-3.4434e-005
14	4.6667	-4.5144e-003	4.5949e-003	2.7081e-005
15	5.	-5.0296e-003	4.9417e-003	-2.9614e-005

（13）进行 Y 定向变形结果查看，如图 7-34 所示。最小、最大及平均 Y 定向变形如图 7-35 所示。

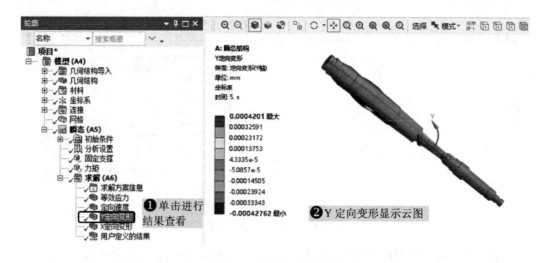

图 7-34　Y 定向变形云图

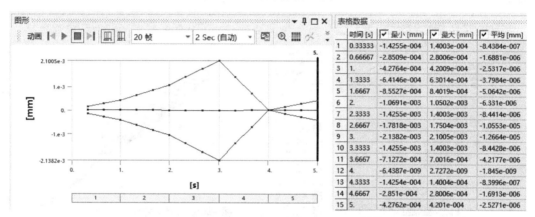

图 7-35　Y 定向变形表格数据

（14）进行 X 定向变形结果查看，如图 7-36 所示。最小、最大及平均 X 定向变形如图 7-37 所示。

图 7-36　X 定向变形云图

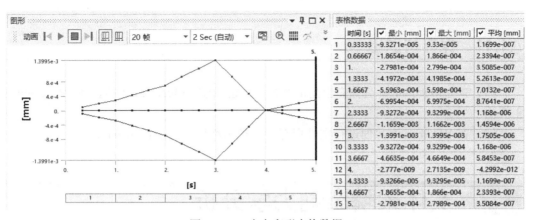

图 7-37 X 定向变形表格数据

（15）进行"用户定义的结果"结果查看，如图 7-38 所示。最小、最大及平均合成变形如图 7-39 所示。

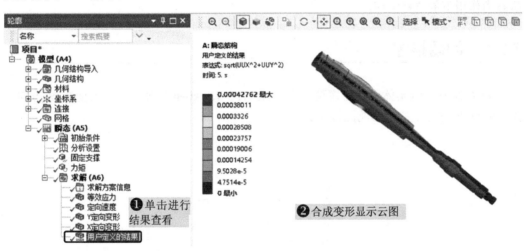

图 7-38 合成变形云图

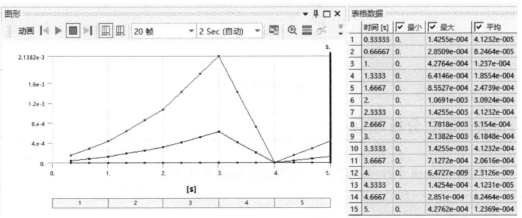

图 7-39 合成变形表格数据

187

7.1.11 保存与退出

（1）单击 Mechanical 界面右上角的"✖"按钮，退出 Mechanical，返回到 Workbench 主界面。

（2）在 Workbench 界面进行文件保存，文件名称为 Transient dynamics。

7.2 实体梁瞬态动力学分析

本节主要介绍 ANSYS Workbench 的瞬态动力学分析模块，计算实体梁模型在 1200N 瞬态力作用下的位移响应。

7.2.1 问题描述

如图 7-40 所示实体梁几何模型，请用 ANSYS Workbench 分析计算模型在-Y 方向作用 1200N 瞬态力下的位移响应情况。

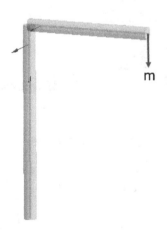

图 7-40 几何模型

7.2.2 建立分析项目

在 Workbench 平台内创建模态分析项目，如图 7-41 所示。

图 7-41　创建分析项目

7.2.3　导入几何模型

（1）导入几何模型，如图 7-42 所示。

图 7-42　导入几何模型

（2）启动几何结构软件，如图 7-43 所示。

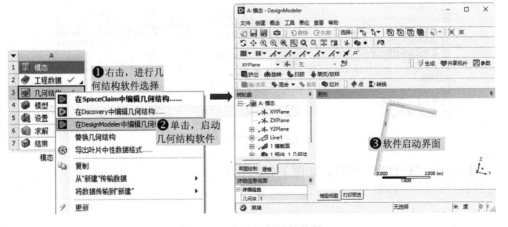

图 7-43　启动几何结构软件

提 示	Workbench 的几何结构软件默认有 3 个模块，用鼠标右键单击可以进行软件模块选择，例如本案例选取的为 DesignModeler 软件。
提 示	在 DesignModeler 软件中可以进行几何模型的修改，本案例不需要修改。

7.2.4 添加材料库

（1）打开工程数据设置界面，如图 7-44 所示。

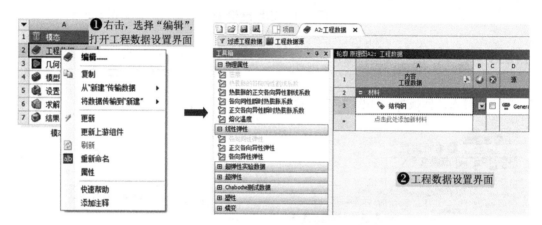

图 7-44 工程数据设置界面

（2）激活工程数据源，如图 7-45 所示。

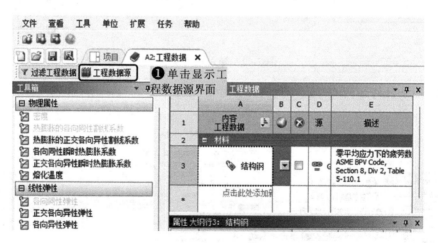

图 7-45 激活工程数据源

（3）添加"铝合金"材料，如图 7-46 所示。

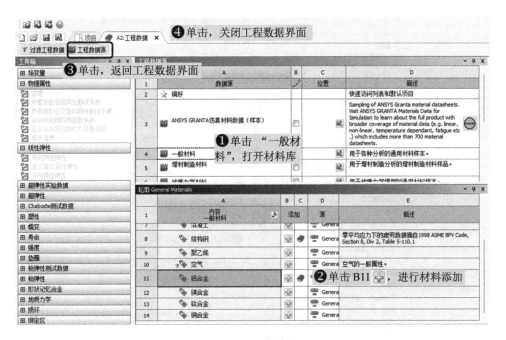

图 7-46 材料添加设置

7.2.5 添加模型材料属性

（1）启动模态分析模块，如图 7-47 所示。

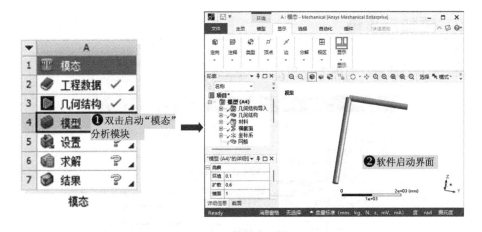

图 7-47 启动模态分析模块

（2）进行材料属性设置，如图 7-48 所示。

图 7-48　材料属性设置

7.2.6　添加点质量

（1）添加点质量，如图 7-49 所示。

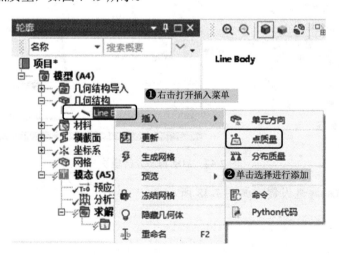

图 7-49　添加点质量

（2）对点质量进行参数设置，如图 7-50 所示。

图 7-50　点质量参数设置

7.2.7　划分网格

进行网格尺寸划分设置，如图 7-51 所示。

图 7-51　网格尺寸划分设置

7.2.8　施加载荷与约束

Note

（1）添加固定支撑约束，如图 7-52 所示。

图 7-52　添加固定支撑约束

（2）进行固定支撑约束详细设置，如图 7-53 所示。

图 7-53　固定支撑约束详细设置

提示

上述操作界面为设置完成后的示意图，后续类似的均为设置后的截图。

7.2.9　模态参数设置

（1）在分析设置中进行模态阶数设置，如图 7-54 所示，设置最大模态阶数为 6 阶。

（2）进行求解设置并计算，如图 7-55 所示。

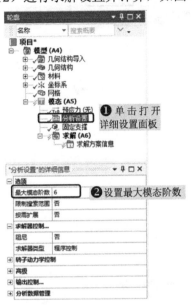

图 7-54　最大模态阶数设置

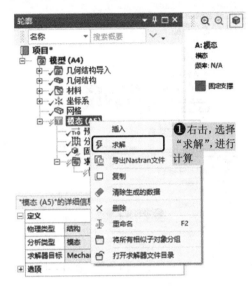

图 7-55　求解设置

7.2.10　模态结果后处理

（1）添加一阶模态下的总变形分析结果，如图 7-56 所示。

图 7-56　添加一阶模态下的总变形分析结果

195

（2）添加二阶模态下的总变形分析结果，如图 7-57 所示。

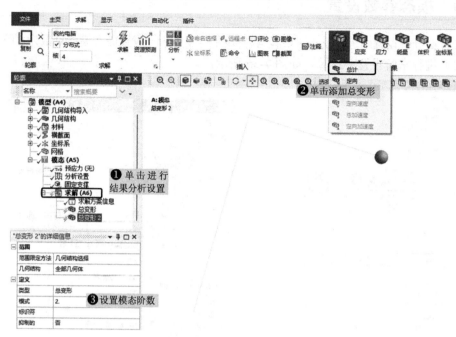

图 7-57　添加二阶模态下的总变形分析结果

（3）参照步骤（1）及（2），依次添加三阶模态、四阶模态、五阶模态和六阶模态下的总变形分析结果，完成后如图 7-58 所示。

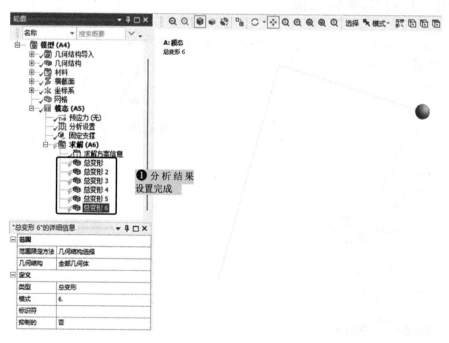

图 7-58　总变形分析结果设置完成

（4）进行求解设置并计算，如图 7-59 所示。

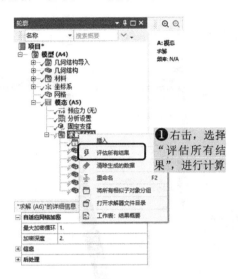

图 7-59　求解设置

（5）进行一阶模态下的总变形结果查看，如图 7-60 所示，可知一阶模态下的最大总变形约为 2.52mm。

图 7-60　一阶模态振型云图

（6）进行二阶模态下的总变形结果查看，如图 7-61 所示，可知二阶模态下的最大总变形约为 2.35mm。

图 7-61　二阶模态振型云图

（7）进行三阶模态下的总变形结果查看，如图 7-62 所示，可知三阶模态下的最大总变形约为 2.65mm。

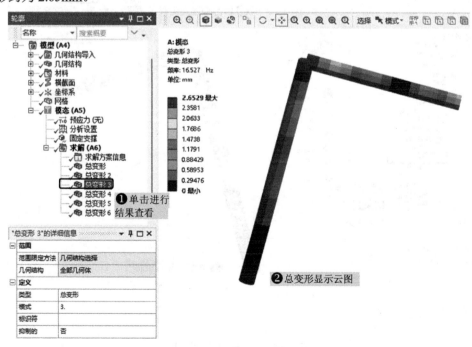

图 7-62　三阶模态振型云图

（8）进行四阶模态下的总变形结果查看，如图 7-63 所示，可知四阶模态下的最大总变形约为 2.737mm。

图 7-63　四阶模态振型云图

（9）进行五阶模态下的总变形结果查看，如图 7-64 所示，可知五阶模态下的最大总变形约为 2.66mm。

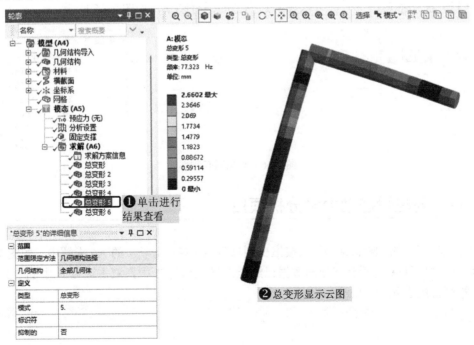

图 7-64　五阶模态振型云图

（10）进行六阶模态下的总变形结果查看，如图 7-65 所示，可知六阶模态下的最大总变形约为 2.675mm。

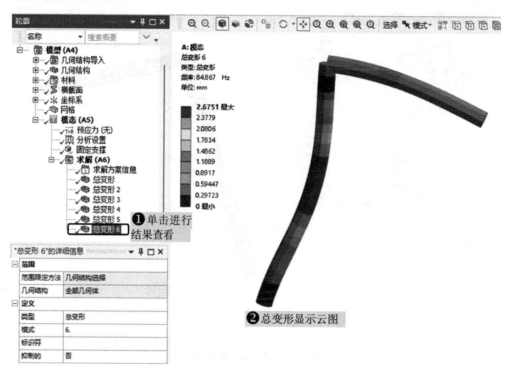

图 7-65　六阶模态振型云图

（11）在图形窗口下方，可以观察到模型的固有频率，如图 7-66 所示。

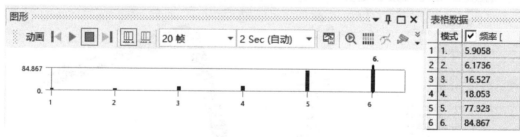

图 7-66　模型固有频率

7.2.11　创建瞬态动力学分析项目

将工具箱中的"瞬态结构"直接拖曳到项目 A（模态分析）的 A6 求解中，如图 7-67 所示。此时项目 A 的所有前处理数据已经全部导入项目 B 中，双击项目 B 中的 B5"设置"即可直接进入 Mechanical 界面。

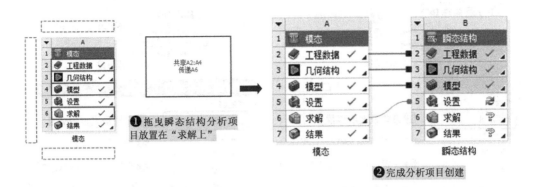

图 7-67 创建瞬态结构分析项目

7.2.12 进行结果传递更新

进行模态计算结果更新，如图 7-68 所示。

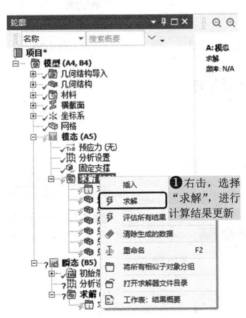

图 7-68 求解设置

7.2.13 瞬态求解参数设置

（1）在分析设置中进行求解选项第 1 步设置，如图 7-69 所示。

（2）在分析设置中进行求解选项第 2 步设置，如图 7-70 所示。

Note

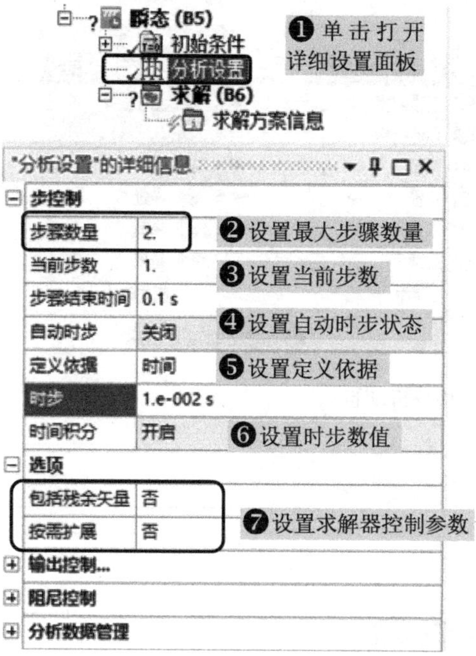

图 7-69　求解选项第 1 步设置

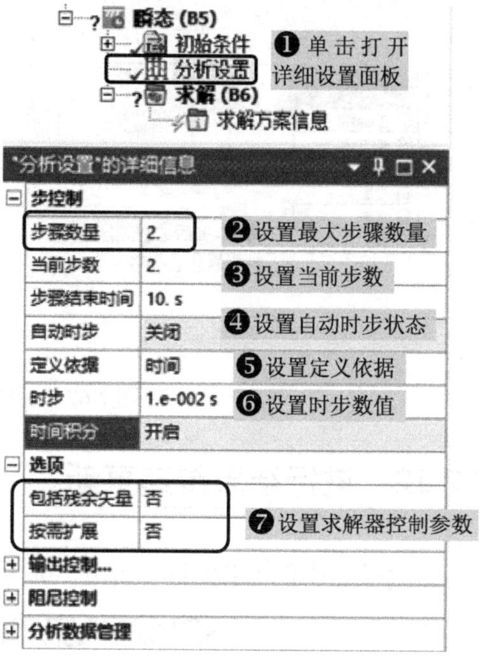

图 7-70　求解选项第 2 步设置

7.2.14　施加载荷与约束

（1）添加力载荷，如图 7-71 所示。

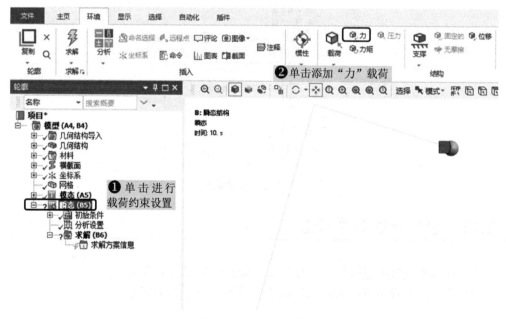

图 7-71　添加力载荷

（2）进行力载荷详细设置，如图 7-72 所示。

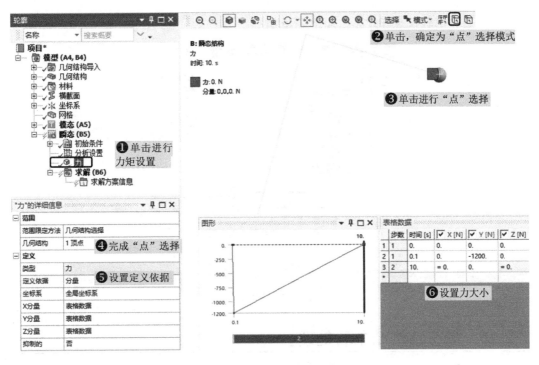

图 7-72　力载荷详细设置

（3）进行输出控制参数设置，如图 7-73 所示。

（4）进行数值阻尼值参数设置，如图 7-74 所示。

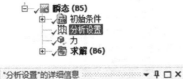

图 7-73　输出控制参数设置

图 7-74　数值阻尼值设置

（5）进行求解设置并计算，如图 7-75 所示。

图 7-75　求解设置

7.2.15　瞬态结构结果后处理

（1）添加总变形分析结果，如图 7-76 所示。

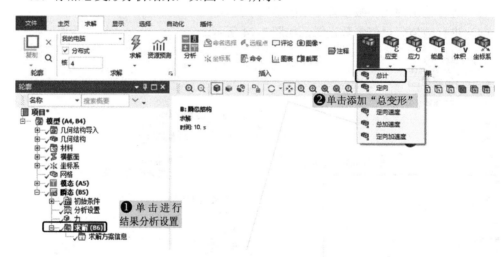

图 7-76　添加总变形分析结果

（2）添加梁工具分析结果，如图 7-77 所示。

（3）进行求解设置并计算，如图 7-78 所示。

（4）进行总变形结果查看，如图 7-79 所示，最小、最大及平均变形数据如图 7-80 所示。

图 7-77　添加梁工具分析结果

图 7-78　求解设置

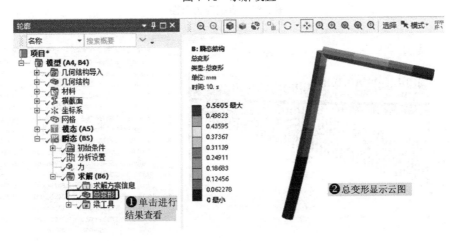

图 7-79　总变形云图

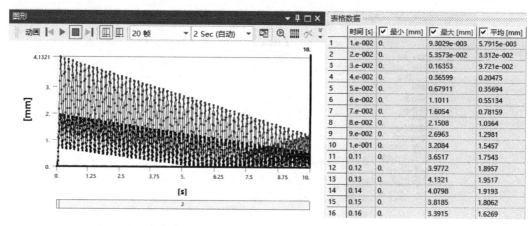

图 7-80　最大、最小等变形数据

（5）进行直接应力结果查看，如图 7-81 所示，最小、最大及平均直接应力数据如图 7-82 所示。

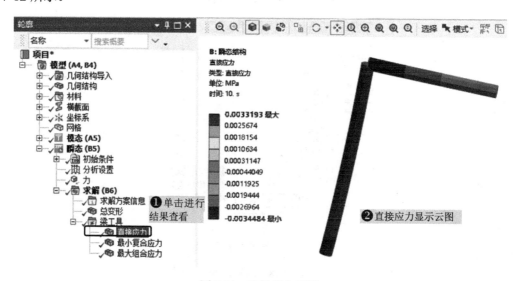

图 7-81　直接应力云图

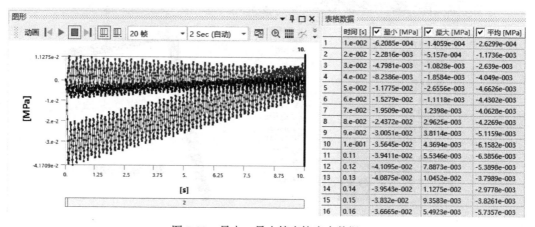

图 7-82　最大、最小等直接应力数据

（6）进行最小复合应力结果查看，如图 7-83 所示。

图 7-83　最小复合应力云图

（7）进行最大组合应力结果查看，如图 7-84 所示。

图 7-84　最大组合应力云图

7.2.16　保存与退出

（1）单击 Mechanical 界面右上角的"✕"按钮，退出 Mechanical，返回到 Workbench 主界面。

（2）在 Workbench 界面进行文件保存，文件名称为 Transient。

7.3 ▶ 本章小结

　　通过本章两个瞬态动力学分析案例的学习，读者可以掌握瞬态动力学分析的基本流程、载荷和约束的加载方法，以及结果的后处理方法等相关知识。

第8章

热力学分析

在石油化工、动力、核能等许多重要部门中，变温条件下工作的结构和部件，通常都存在温度应力问题。在正常工况下存在稳态的温度应力，在启动或关闭过程中还会产生随时间变化的瞬态温度应力。这些应力在分析因素中已经占有相当的比重，甚至成为设计和运行中的控制应力。要计算稳态或者瞬态应力，首先要计算稳态或者瞬态温度场，在工程分析中热力学包括热传导、热对流和热辐射 3 种基本形式。

（1）热传导

当物体内部存在温差时，热量从高温部分传递到低温部分；不同温度的物体相接触时，热量从高温物体传递到低温物体；这种热量传递的方式叫热传导。

热传导遵循傅里叶定律：

$$q'' = -k\frac{\mathrm{d}T}{\mathrm{d}x} \tag{8-1}$$

式中，q'' 是热流密度（W/m^2）；k 是导热系数（W/(m·℃)）。

（2）热对流

热对流是指温度不同的各个部分流体之间发生相对运动所引起的热量传递方式。高温物体表面附近的空气因受热而膨胀，空气密度降低而向上流动，密度较大的冷空气将下降替代原来的受热空气而引发对流现象。热对流分为自然对流和强迫对流两种。

热对流满足牛顿冷却方程：

$$q'' = h(T_{\mathrm{s}} - T_{\mathrm{b}}) \tag{8-2}$$

式中，h 是对流换热系数（或称膜系数）；T_{s} 是固体表面温度；T_{b} 是周围流体温度。

（3）热辐射

热辐射是指物体发射电磁能，并被其他物体吸收转变为热的热量交换过程。与热传导和热对流不同，热辐射不需要任何传热介质。

实际上，真空的热辐射效率最高。同一物体，温度不同时的热辐射能力不一样，温度相同的不同物体的热辐射能力也不一样。同一温度下，黑体的热辐射能力最强。

在工程中通常考虑两个或者多个物体之间的辐射，系统中每个物体同时辐射并吸收热量。它们之间的净热量传递可用斯蒂芬波尔兹曼方程来计算：

$$q = \varepsilon \sigma A_1 F_{12}(T_1^4 - T_2^4) \tag{8-3}$$

式中，q 为热流率；ε 为辐射率（黑度）；σ 为黑体辐射常数，$\sigma \approx 5.67 \times 10^{-8} \text{W}/(\text{M}^2 \cdot \text{K}^4)$；$A_1$ 为辐射面 1 的面积；F_{12} 为由辐射面 1 到辐射面 2 的形状系数；T_1 为辐射面 1 的绝对温度；T_2 为辐射面 2 的绝对温度。

本章通过三个典型实例对 ANSYS Workbench 的稳态热分析模块进行详细讲解，介绍分析的一般步骤，包括材料赋予、温度、对流等边界条件的设置、瞬态热力学分析的基本流程及后处理操作等。

学习目标

（1）熟练掌握 ANSYS Workbench 几何结构模块进行外部几何模型导入的方法；
（2）熟练掌握 ANSYS Workbench 稳态热分析的方法及过程；
（3）熟练掌握 ANSYS Workbench 瞬态热分析的方法及过程。

8.1 热传导分析

本节主要介绍 ANSYS Workbench 的稳态热分析模块，计算实体模型的稳态温度分布及热流密度。

8.1.1 问题描述

如图 8-1 所示的铝合金杆模型，实体一端面是 600℃，另一端面是 25℃，请用 ANSYS Workbench 分析计算内部的温度场云图。

图 8-1　铝合金杆模型

8.1.2 建立分析项目

在 Workbench 平台内创建稳态热分析项目，如图 8-2 所示。

图 8-2　创建分析项目

8.1.3　导入几何模型

（1）导入几何模型，如图 8-3 所示。

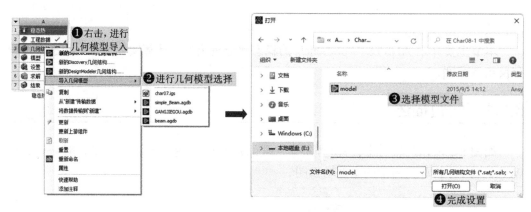

图 8-3　导入几何模型

（2）启动几何结构软件，如图 8-4 所示。

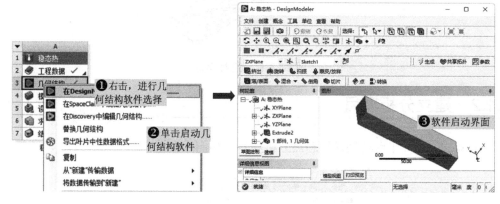

图 8-4　启动几何结构软件

 Workbench 的几何结构软件默认有 3 个模块，用鼠标右键单击可以进行软件模块选择，例如本案例选取的为 DesignModeler 软件。

 在 DesignModeler 软件中可以进行几何模型的修改，本案例不需要修改。

8.1.4　添加材料库

（1）打开工程数据设置界面，如图 8-5 所示。
（2）激活工程数据源，如图 8-6 所示。
（3）添加"铝合金"材料，如图 8-7 所示。

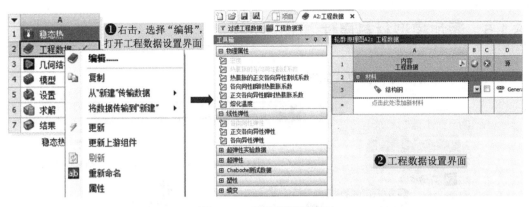

图 8-5　工程数据设置界面

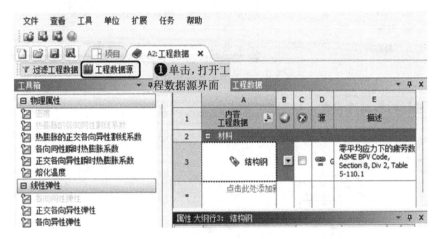

图 8-6　工程数据源界面

图 8-7　材料添加设置

8.1.5　添加模型材料属性

Note

（1）启动稳态热分析模块，如图 8-8 所示。

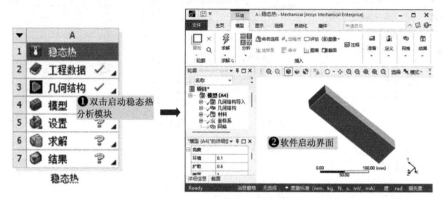

图 8-8　启动稳态热分析模块

（2）进行材料属性设置，如图 8-9 所示。

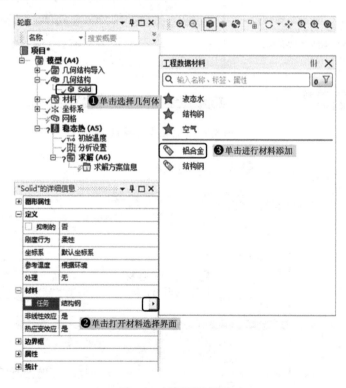

图 8-9　材料属性设置

8.1.6　划分网格

进行网格尺寸划分设置，如图 8-10 所示。

图 8-10 网格尺寸划分设置

8.1.7 施加载荷与约束

（1）添加温度，如图 8-11 所示。

图 8-11 添加温度

（2）进行温度参数设置，如图 8-12 所示。

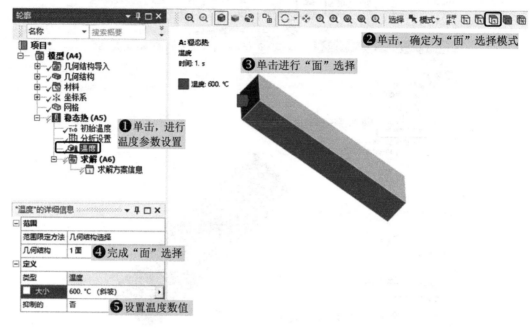

图 8-12　温度参数设置

上述操作界面为设置完成后的示意图，后续类似的均为设置后的截图。

（3）添加温度，如图 8-13 所示。

图 8-13　添加温度 2

（4）进行温度 2 参数设置，如图 8-14 所示。

图 8-14　温度 2 参数设置

（5）进行求解设置并计算，如图 8-15 所示。

图 8-15　求解设置

8.1.8　结果后处理

（1）添加温度分析结果，如图 8-16 所示。

（2）添加总热通量分析结果，如图 8-17 所示。

（3）进行求解设置并计算，如图 8-18 所示。

图 8-16　添加温度

图 8-17　添加总热通量

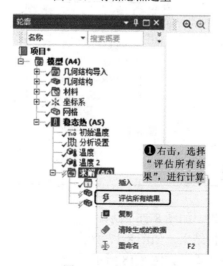

图 8-18　求解设置

（4）进行温度结果查看，如图 8-19 所示。

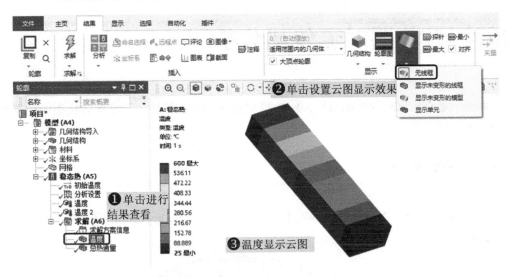

图 8-19　温度云图

（5）进行总热通量结果查看，如图 8-20 所示。

图 8-20　总热通量云图

8.1.9　保存与退出

（1）单击 Mechanical 界面右上角的"×"按钮，退出 Mechanical，返回到 Workbench 主界面。

（2）在 Workbench 界面进行文件保存，文件名称为 Conductor。

8.2 散热器对流传热分析

本节主要介绍 ANSYS Workbench 2022 的稳态热分析模块，计算实体模型的稳态温度分布及热流密度。

8.2.1 问题描述

如图 8-21 所示的铝合金散热器模型，请用 ANSYS Workbench 分析计算其内部的温度场云图。

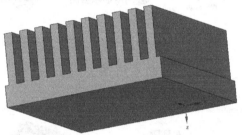

图 8-21 铝合金散热器模型

8.2.2 建立分析项目

在 Workbench 平台内创建稳态热分析项目，如图 8-22 所示。

图 8-22 创建分析项目

8.2.3 导入几何模型

（1）导入几何模型，如图 8-23 所示。

图 8-23 导入几何模型

（2）启动几何结构软件，如图 8-24 所示。

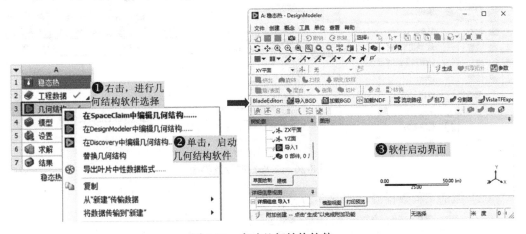

图 8-24 启动几何结构软件

 Workbench 的几何结构软件默认有 3 个模块，用鼠标右键单击可以进行软件模块选择，例如本案例选取的为 DesignModeler 软件。

（3）在几何结构中进行几何模型导入，如图 8-25 所示。

 在 DesignModeler 软件中可以进行几何模型的修改，本案例不需要修改。

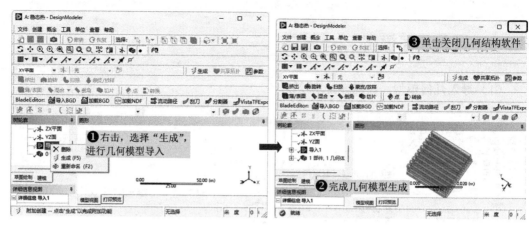

图 8-25 在几何结构软件中进行几何模型导入

8.2.4 添加材料库

（1）打开工程数据设置界面，如图 8-26 所示。

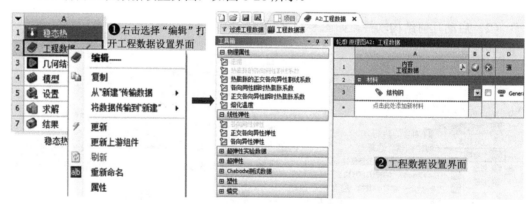

图 8-26 工程数据设置界面

（2）激活工程数据源，如图 8-27 所示。

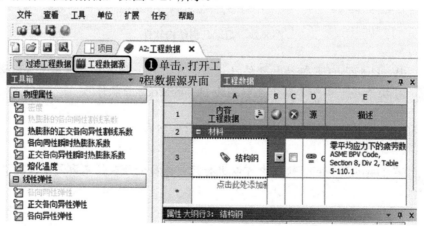

图 8-27 工程数据源界面

（3）添加铝合金材料，如图 8-28 所示。

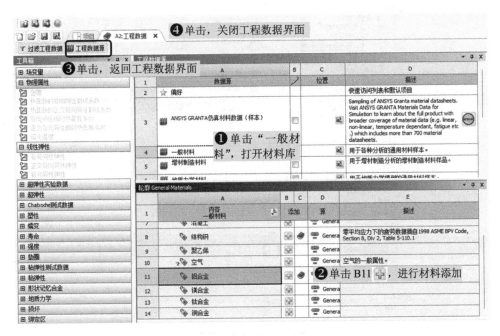

图 8-28　材料添加设置

8.2.5　添加模型材料属性

（1）启动稳态热分析模块，如图 8-29 所示。

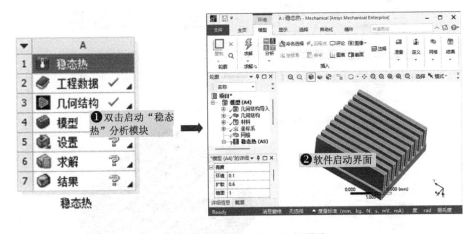

图 8-29　启动"稳态热"分析模块

（2）进行材料属性设置，如图 8-30 所示。

图 8-30 材料属性设置

8.2.6 划分网格

进行网格尺寸划分设置，如图 8-31 所示。

图 8-31 网格尺寸划分设置

8.2.7 施加载荷与约束

（1）添加热流，如图 8-32 所示。

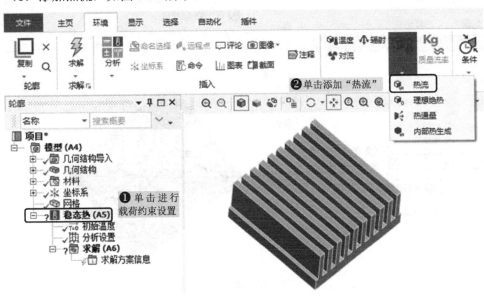

图 8-32 添加热流

（2）进行热流参数设置，如图 8-33 所示。

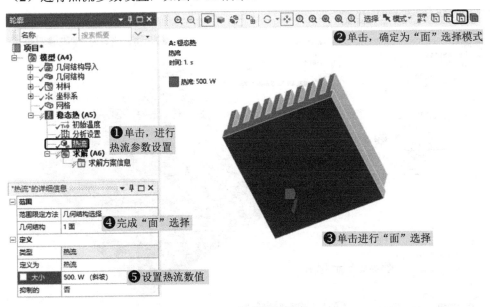

图 8-33 热流参数设置

提示　上述操作界面为设置完成后的示意图，后续类似的均为设置后的截图。

（3）添加对流，如图 8-34 所示。

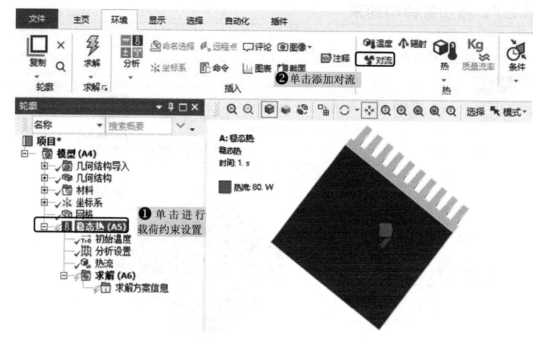

图 8-34　添加对流

（4）进行对流参数设置，其中对流换热面选取除热流面的其他所有面，如图 8-35 所示。

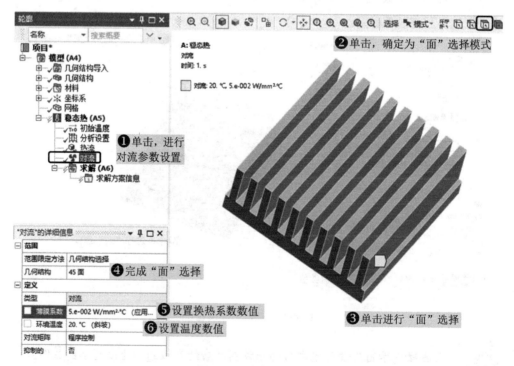

图 8-35　对流参数设置

（5）进行求解设置并计算，如图 8-36 所示。

图 8-36　求解设置

8.2.8　结果后处理

（1）添加温度分析结果，如图 8-37 所示。

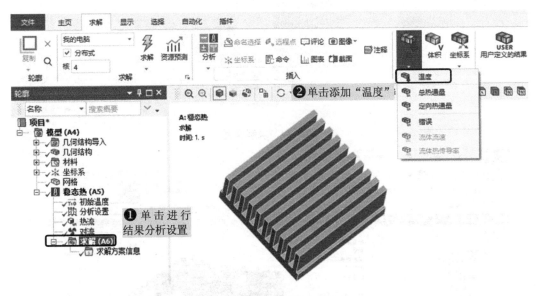

图 8-37　添加温度分析结果

（2）添加总热通量分析结果，如图 8-38 所示。

（3）进行求解设置并计算，如图 8-39 所示。

（4）进行温度结果查看，如图 8-40 所示。

Note

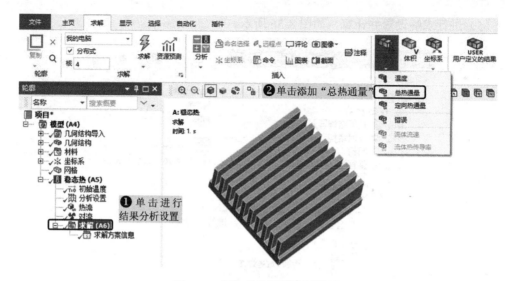

图 8-38　添加总热通量分析结果

图 8-39　求解设置

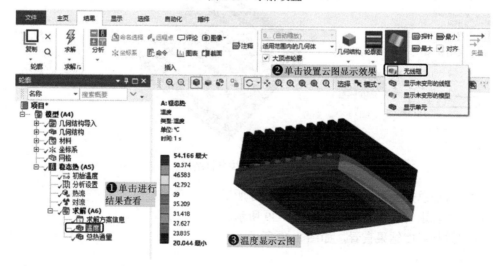

图 8-40　温度云图

（5）进行总热通量结果查看，如图 8-41 所示。

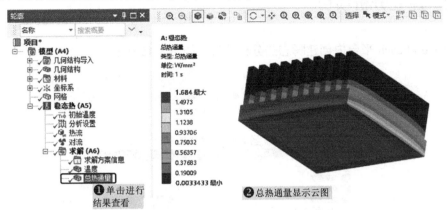

图 8-41　总热通量云图

8.2.9　保存与退出

（1）单击 Mechanical 界面右上角的"**×**"按钮，退出 Mechanical，返回到 Workbench 主界面。

（2）在 Workbench 界面进行文件保存，文件名称为 sanrepian_Thermal。

8.3　散热翅片瞬态传热分析

本节主要介绍 ANSYS Workbench 的瞬态热分析模块，分析计算铝制散热片的暂态温度场分布。

8.3.1　问题描述

如图 8-42 所示的铝合金散热翅片模型，请用 ANSYS Workbench 分析计算其内部的温度场云图。

图 8-42　铝合金散热翅片模型

8.3.2　建立分析项目

在 Workbench 平台内创建瞬态热分析项目，如图 8-43 所示。

图 8-43　创建分析项目

8.3.3　导入几何模型

（1）导入几何模型，如图 8-44 所示。

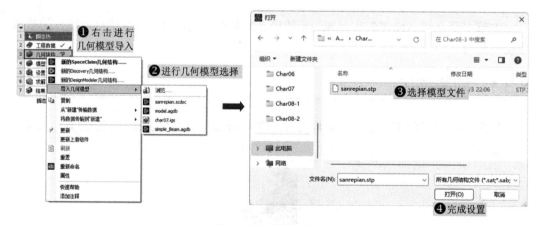

图 8-44　导入几何模型

（2）启动几何结构软件，如图 8-45 所示。

　Workbench 的几何结构软件默认有 3 个模块，用鼠标右键单击可以进行软件模块选择，例如本案例选取的为 DesignModeler 软件。

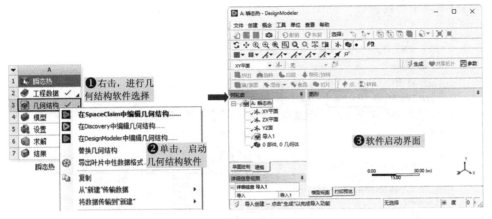

图 8-45 启动几何结构软件

（3）在几何结构软件中进行几何模型导入，如图 8-46 所示。

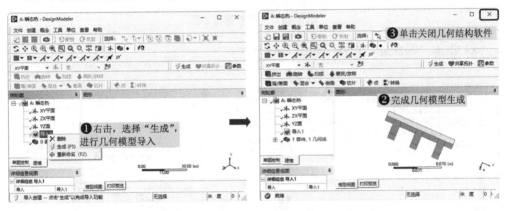

图 8-46 在几何结构软件中进行几何模型导入

在 DesignModeler 软件中可以进行几何模型的修改，本案例不需要修改。

8.3.4 添加材料库

（1）打开工程数据设置界面，如图 8-47 所示。

图 8-47 工程数据设置界面

（2）激活工程数据源，如图 8-48 所示。

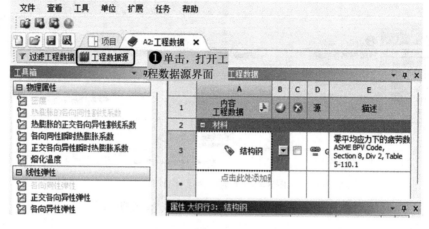

图 8-48　工程数据源界面

（3）添加"铝合金"材料，如图 8-49 所示。

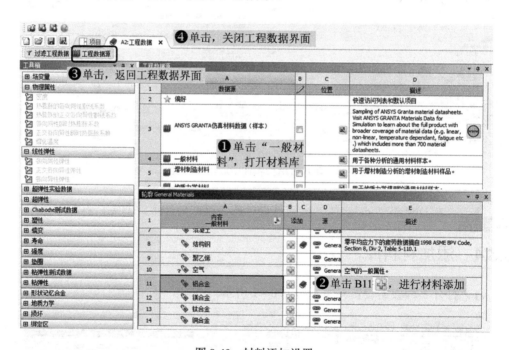

图 8-49　材料添加设置

8.3.5　添加模型材料属性

（1）启动瞬态热分析模块，如图 8-50 所示。

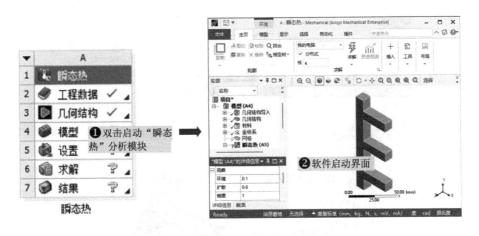

图 8-50　启动稳态热分析模块

（2）进行材料属性设置，如图 8-51 所示。

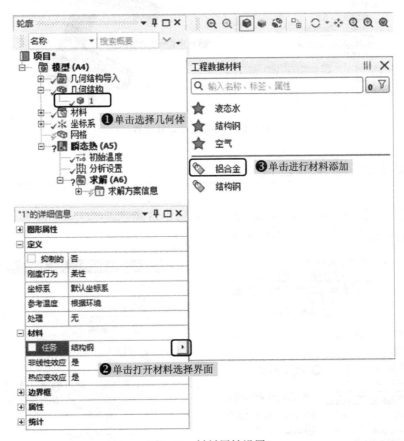

图 8-51　材料属性设置

8.3.6　划分网格

进行网格尺寸划分设置，如图 8-52 所示。

❸单击进行网格划分

❶单击选择网格

❹网格划分成功示意图

❷设置网格划分单元尺寸

图 8-52　网格尺寸划分设置

8.3.7　瞬态求解参数设置

（1）在分析设置中进行求解选项设置，如图 8-53 所示。

（2）初始温度设置，如图 8-54 所示。

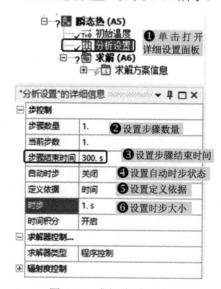

❶单击打开详细设置面板

❷设置步骤数量

❸设置步骤结束时间

❹设置自动时步状态

❺设置定义依据

❻设置时步大小

图 8-53　求解选项设置

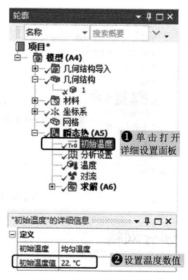

❶单击打开详细设置面板

❷设置温度数值

图 8-54　初始温度设置

8.3.8　施加载荷与约束

（1）添加温度，如图 8-55 所示。

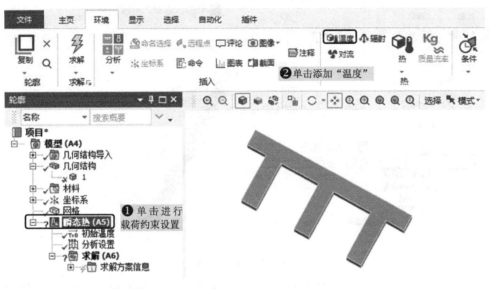

图 8-55　添加温度

（2）进行温度参数设置，如图 8-56 所示。

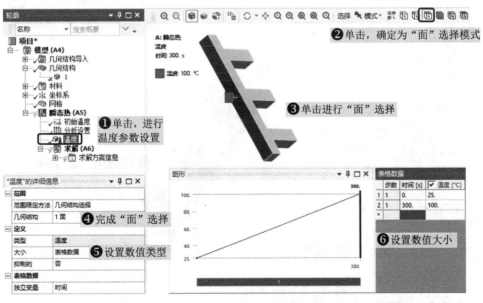

图 8-56　温度参数设置

上述操作界面为设置完成后的示意图，后续类似的均为设置后的截图。

（3）添加对流，如图 8-57 所示。

图 8-57　添加对流

（4）进行对流参数设置，其中对流换热面选取除热流面的其他所有面（前后两面除外），如图 8-58 所示。

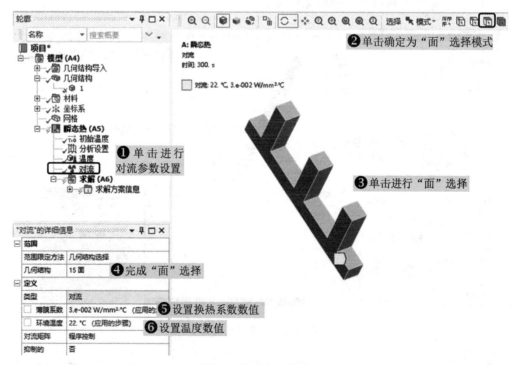

图 8-58　对流参数设置

（5）进行求解设置并计算，如图 8-59 所示。

图 8-59 求解设置

8.3.9 结果后处理

（1）添加温度分析结果，如图 8-60 所示。

图 8-60 添加温度分析结果

（2）添加总热通量分析结果，如图 8-61 所示。

（3）进行求解设置并计算，如图 8-62 所示。

（4）进行温度结果查看，如图 8-63 所示，不同时刻下的最小、最大及平均温度如图 8-64 所示。

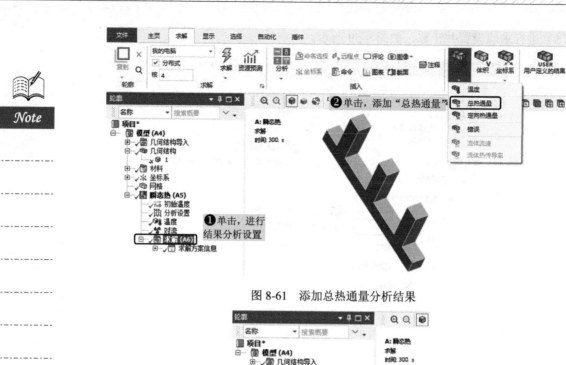

图 8-61　添加总热通量分析结果

图 8-62　求解设置

图 8-63　温度云图

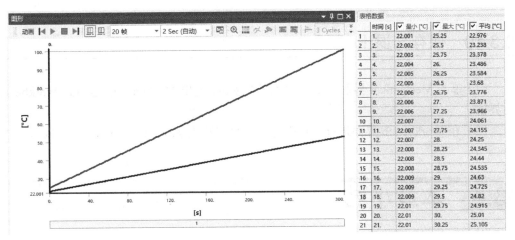

图 8-64　不同时刻下的温度数据

（5）进行总热通量结果查看，如图 8-65 所示，不同时刻下的最小、最大及平均热通量如图 8-66 所示。

图 8-65　总热通量云图

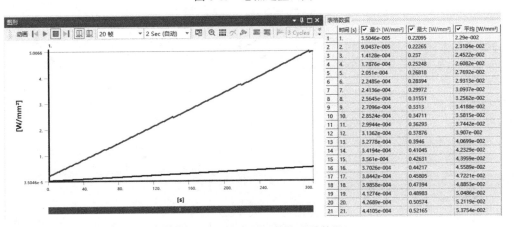

图 8-66　不同时刻下的热通量数据

239

8.3.10 保存与退出

（1）单击 Mechanical 界面右上角的"**✕**"按钮，退出 Mechanical，返回到 Workbench 主界面。

（2）在 Workbench 界面进行文件保存，文件名称为 sanrepian_Transient_Thermal。

8.4 本章小结

本章通过典型实例分别介绍了稳态热分析与瞬态热分析，在分析过程中考虑了与周围空气的对流换热边界，在后处理工程中得到了温度分布云图和热流密度分布云图。

通过本章的学习，读者应该对 ANSYS Workbench 的简单热力学分析的过程有详细的了解。

第9章

线性屈曲分析

许多结构都需要进行结构稳定性计算，如细长柱、压缩部件、真空容器等。这些结构在不稳定（屈曲）开始时，结构在本质上没有变化的载荷作用下（超过一个很小的动荡），X 方向上的微小位移会使得结构有一个很大的改变。

特征值或线性屈曲分析预测的是理想线弹性结构的理论屈曲强度（分歧点）；而非理想和非线性行为阻止许多真实的结构达到理论上的弹性屈曲强度。

线性屈曲通常产生非保守的结果，但是线性屈曲有以下两个优点。

● 它比非线性屈曲计算更节省时间，并且应当做第一步计算来评估临界载荷（屈曲开始时的载荷）。

● 线性屈曲分析可以用作决定产生什么样的屈曲模型形状的设计工具，为设计做指导。

线性屈曲分析的一般方程为

$$([K] + \lambda_i[S])\{\psi_i\} = 0 \tag{9-1}$$

式中，$[K]$ 和 $[S]$ 是常量；λ_i 是屈曲载荷因子；$\{\psi_i\}$ 是屈曲模态。

ANSYS Workbench 2022 的屈曲模态分析步骤与其他有限元分析步骤大同小异，软件支持在模态分析中存在接触对，但是由于屈曲分析是线性分析，所以接触行为不同于非线性接触行为。

学习目标

(1) 熟练掌握 ANSYS Workbench 几何结构模块进行外部几何模型导入的方法；

(2) 熟练掌握 ANSYS Workbench 屈曲分析的方法及过程。

9.1 铝管屈曲分析

本节主要介绍 ANSYS Workbench 的屈曲分析模块，分析计算模型在外载荷作用下的稳定性及屈曲因子。

9.1.1 问题描述

如图 9-1 所示的实体几何模型，请用 ANSYS Workbench 分析计算模型在 1.2MPa 压力下的屈曲响应情况。

图 9-1　几何模型

9.1.2 建立分析项目

在 Workbench 平台内创建静态结构分析项目，如图 9-2 所示。

图 9-2　创建分析项目

9.1.3　导入几何模型

（1）导入几何模型，如图 9-3 所示。

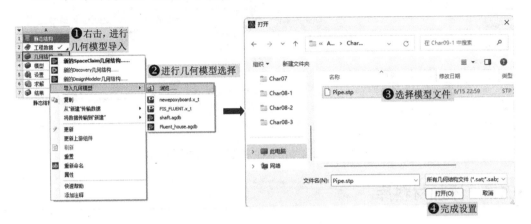

图 9-3　导入几何模型

（2）启动几何结构软件，如图 9-4 所示。

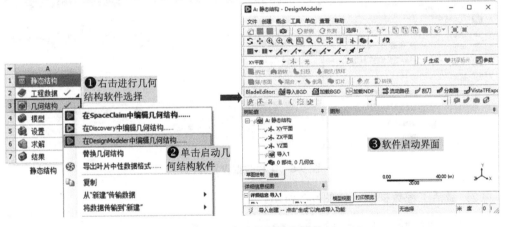

图 9-4　启动几何结构软件

 Workbench 的几何结构软件默认有 3 个模块，用鼠标右键单击可以进行软件模块选择，例如本案例选取的为 DesignModeler 软件。

（3）在几何结构软件中进行几何模型导入，如图 9-5 所示。

 在 DesignModeler 软件中可以进行几何模型的修改，本案例不需要修改。

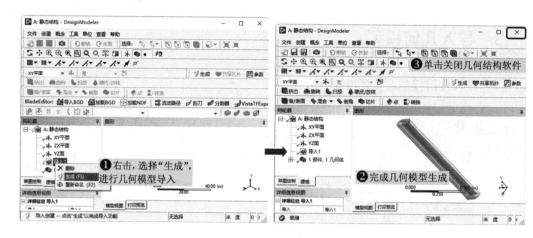

图 9-5　在几何结构软件中进行几何模型导入

9.1.4　添加材料库

（1）打开工程数据设置界面，如图 9-6 所示。

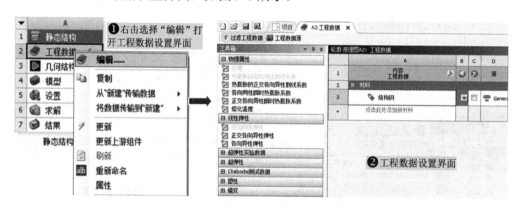

图 9-6　工程数据设置界面

（2）激活工程数据源，如图 9-7 所示。

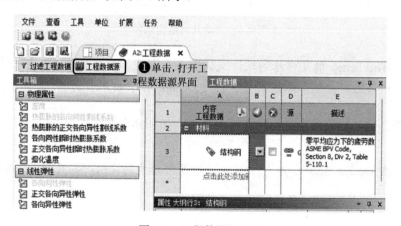

图 9-7　工程数据源界面

（3）添加"铝合金"材料，如图 9-8 所示。

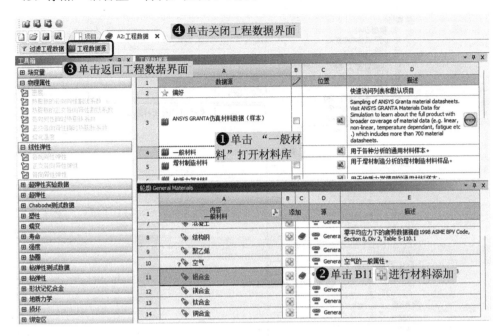

图 9-8　材料添加设置

9.1.5　添加模型材料属性

（1）启动静态结构分析模块，如图 9-9 所示。

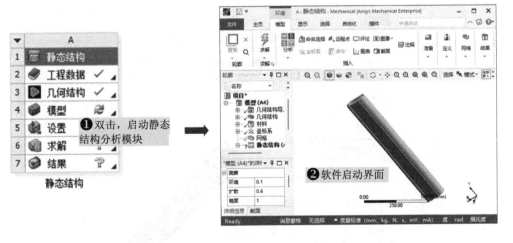

图 9-9　启动静态结构分析模块

（2）进行材料属性设置，如图 9-10 所示。

图 9-10　材料属性设置

9.1.6　划分网格

进行网格尺寸划分设置，如图 9-11 所示。

图 9-11　网格尺寸划分设置

9.1.7　施加载荷与约束

（1）添加固定支撑约束，如图 9-12 所示。

图 9-12　添加固定支撑约束

（2）进行固定支撑约束参数设置，如图 9-13 所示。

图 9-13　固定支撑参数设置

上述操作界面为设置完成后的示意图，后续类似的均为设置后的截图。

（3）添加压力载荷，如图 9-14 所示。

（4）进行压力载荷参数设置，如图 9-15 所示。

图 9-14　添加压力载荷

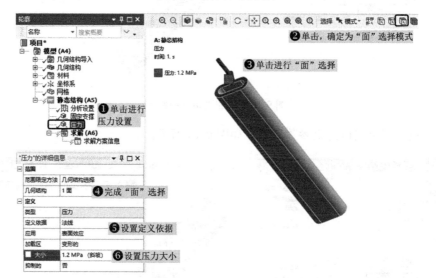

图 9-15　压力载荷参数设置

（5）进行求解设置并计算，如图 9-16 所示。

图 9-16　求解设置

9.1.8　静态结构结果后处理

（1）添加等效应力分析结果，如图 9-17 所示。

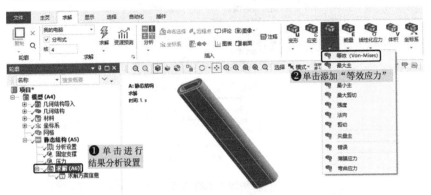

图 9-17　添加等效应力分析结果

（2）添加总变形分析结果，如图 9-18 所示。

图 9-18　添加总变形分析结果

（3）添加等效弹性应变分析结果，如图 9-19 所示。

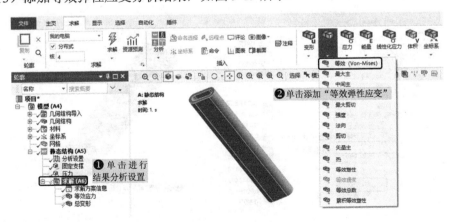

图 9-19　添加等效弹性应变分析结果

（4）进行求解设置并计算，如图 9-20 所示。

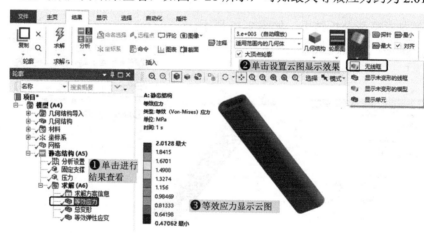

图 9-20　求解设置

（5）进行等效应力结果查看，如图 9-21 所示，可知最大等效应力约为 2.01MPa。

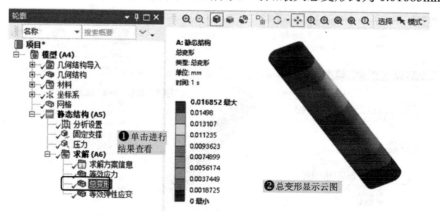

图 9-21　等效应力云图

（6）进行总变形结果查看，如图 9-22 所示，可知最大总变形约为 0.01685mm。

图 9-22　总变形云图

（7）进行等效弹性应变结果查看，如图 9-23 所示。

图 9-23　等效弹性应变云图

9.1.9　创建特征值屈曲分析项目

将工具箱中的"特征值屈曲"直接拖曳到项目 A（静态结构分析）的 A6 求解中，如图 9-24 所示。此时项目 A 的所有前处理数据已经全部导入项目 B 中，双击项目 B 中的 B5"设置"即可直接进入 Mechanical 界面。

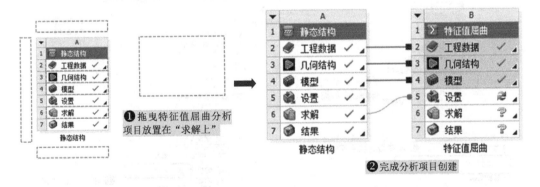

图 9-24　创建特征值屈曲分析项目

9.1.10　进行结果传递更新

进行静态结构计算结果更新，如图 9-25 所示。

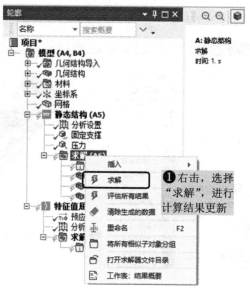

图 9-25　计算结果更新

9.1.11　模态参数设置

（1）在分析设置中进行模态阶数设置，如图 9-26 所示。

（2）进行求解设置并计算，如图 9-27 所示。

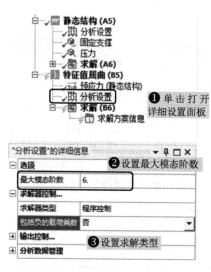

图 9-26　最大模态阶数设置

图 9-27　求解设置

9.1.12　结果后处理

（1）添加一阶屈曲模态下的总变形分析结果，如图 9-28 所示。

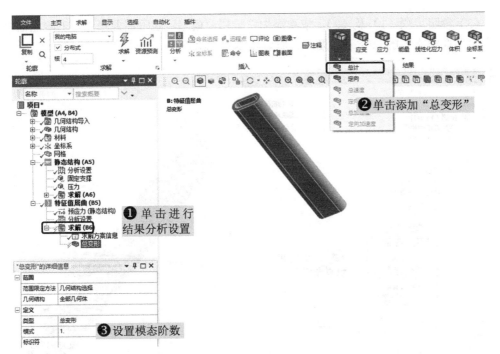

图 9-28　添加一阶屈曲模态下的总变形分析结果

（2）添加二阶屈曲模态下的总变形分析结果，如图 9-29 所示。

图 9-29　添加二阶模态下的总变形分析结果

（3）参照步骤（1）及（2），依次添加三阶屈曲模态、四阶屈曲模态、五阶屈曲模态和六阶屈曲模态下的总变形结果，完成后如图 9-30 所示。

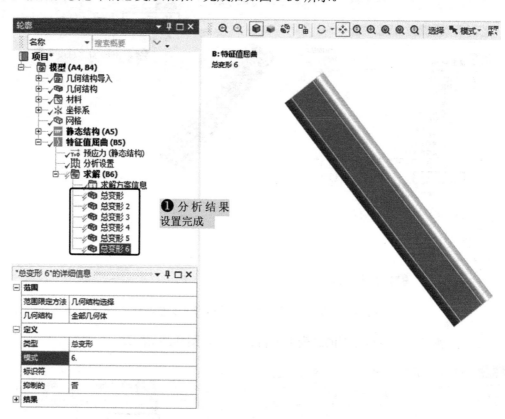

图 9-30　分析结果设置完成

（4）进行求解设置并计算，如图 9-31 所示。

图 9-31　求解设置

（5）进行一阶屈曲模态结果查看，如图 9-32 所示。

图 9-32　一阶屈曲模态云图

（6）进行二阶屈曲模态结果查看，如图 9-33 所示。

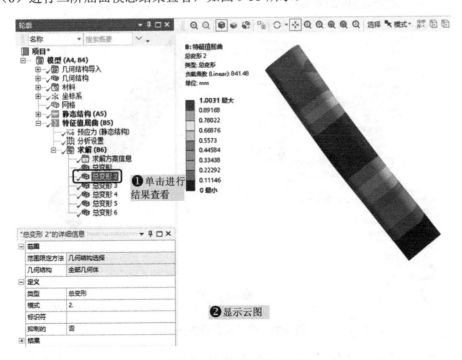

图 9-33　二阶屈曲模态云图

（7）进行三阶屈曲模态结果查看，如图 9-34 所示。

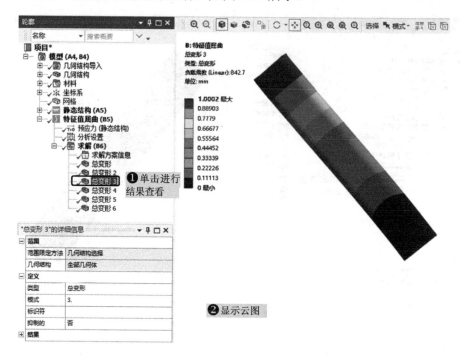

图 9-34　三阶屈曲模态云图

（8）进行四阶屈曲模态结果查看，如图 9-35 所示。

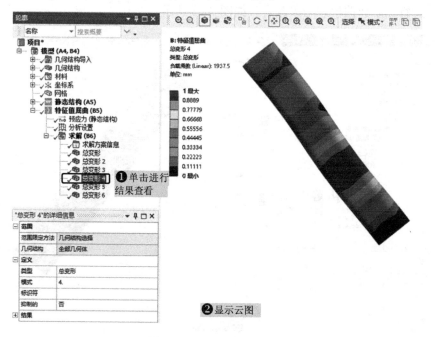

图 9-35　四阶屈曲模态云图

（9）进行五阶屈曲模态结果查看，如图 9-36 所示。

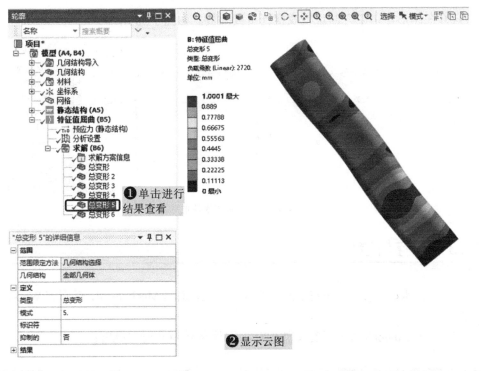

图 9-36　五阶屈曲模态云图

（10）进行六阶屈曲模态结果查看，如图 9-37 所示。

图 9-37　六阶屈曲模态云图

（11）在图形窗口下方，可以观察到负载乘数，如图 9-38 所示。

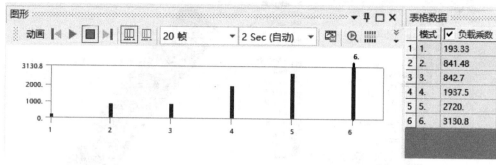

图 9-38　负载乘数数值

9.1.13　保存与退出

（1）单击 Mechanical 界面右上角的"✕"按钮，退出 Mechanical，返回到 Workbench 主界面。

（2）在 Workbench 界面进行文件保存，文件名称为 Pipe_Bukling。

9.2　本章小结

本章详细地介绍了 ANSYS Workbench 2022 的线性屈曲分析功能，包括几何导入、网格划分、边界条件设定、后处理等操作，同时还简单介绍了临界屈曲载荷的求解方法与载荷因子的计算方法。

通过本章的学习，读者应该对线性屈曲分析的过程有详细的了解。

第10章

流体动力学分析

本章主要介绍使用 ANSYS Workbench 2022 的 Fluent 模块模拟流体流动的现象，对流体流动问题进行数值模拟分析。通过充分学习本章内容，读者可对 Fluent 模块中流体流动现象的求解有更加深入的认识和理解，为求解此类实际问题打下坚实基础。

学习目标

(1) 掌握流体流动数值求解的基本过程；
(2) 通过实例掌握流体流动数值求解的方法；
(3) 掌握流体流动问题边界条件的设置方法；
(4) 掌握流体流动问题计算结果的后处理及分析方法。

10.1 圆柱绕流过程模拟分析

本节主要介绍 ANSYS Workbench 的 Fluent 模块对圆柱绕流进行仿真分析。

10.1.1 问题描述

黏性流体绕流圆柱时，其流场的特性随着雷诺数 Re 变化，当 Re 为 10 左右时，流体在圆柱表面的后驻点附近脱落，形成对称的反向漩涡。随着 Re 的进一步增大，分离点前移，漩涡也会相应增大。当 Re 大约为 46 时，脱体漩涡就不再对称，而是以周期性的交替方式离开圆柱表面，在尾部形成了著名的卡门涡街。涡街使其表面周期性变化的阻力和升力增加，从而导致物体振荡，产生噪声。

图 10-1 为圆柱绕流的计算区域的几何尺寸，计算区域长 1m，宽 0.2806m，圆柱直径为 0.05m，入口水流速度为 0.012m/s。

图 10-1 案例模型

10.1.2 Fluent 求解计算设置

1. 启动Fluent-2D

在 Workbench 平台内启动 Fluent，Fluent 的启动界面及设置如图 10-2 所示。

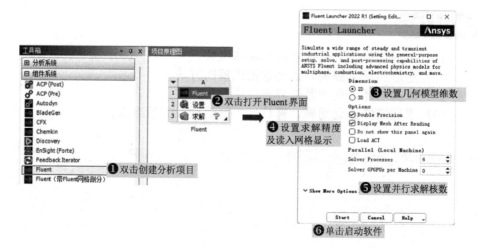

图 10-2 Fluent 的启动界面及设置

2．读入并检查网格

（1）导入网格，如图 10-3 所示。

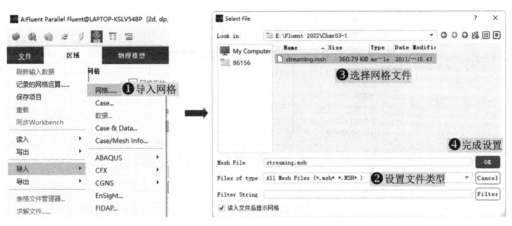

图 10-3　导入网格

（2）进行网格信息查看及网格质量检查，如图 10-4 所示。

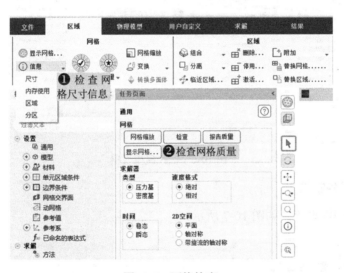

图 10-4　网格检查

查看最小体积和最小面积是否为负数，如出现负数就说明网格有错误，需重新调整并划分网格。

3．求解器参数设置

（1）进行通用设置，如图 10-5 所示。

（2）进行粘性模型设置，如图 10-6 所示。

因为本算例只涉及流动问题，所以其他诸如能量模型等不用选择。

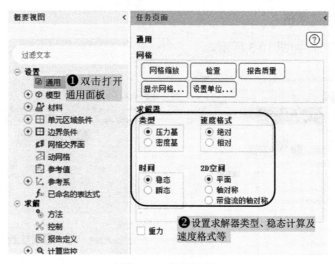

图 10-5　通用设置

图 10-6　粘性模型设置

4. 定义材料物性

进行材料物性设置，如图 10-7 所示。

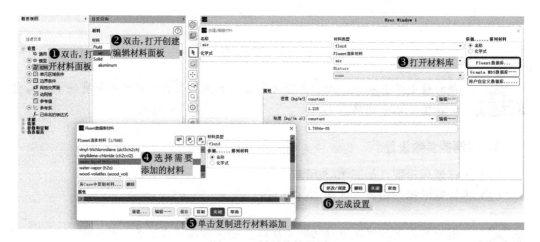

图 10-7　材料物性设置

Fluent 中默认的流体材料为空气，所以本例需新增设置水物性参数，Fluent 数据库中有比较多的材料，需要时可以进行添加。

5. 设置区域条件

fluid 区域内材料属性设置，如图 10-8 所示。

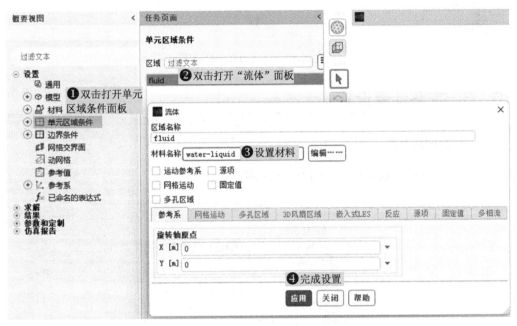

图 10-8　fluid 区域内材料属性设置

6. 设置边界条件

（1）速度入口边界条件设置，如图 10-9 所示。

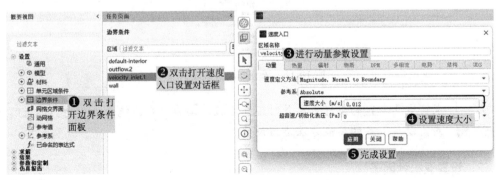

图 10-9　速度入口边界条件设置

（2）出口边界条件设置，如图 10-10 所示。

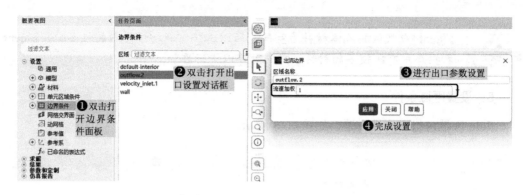

图 10-10　出口边界条件设置

10.1.3　求解计算设置

1．求解控制参数

进行求解方法参数设置，如图 10-11 所示。

图 10-11　求解方法参数设置

求解方法参数的设置主要是对连续方程、动力方程、能量方程的具体求解方式，以及节点的离散方法进行设置。

2．设置亚松弛因子

进行亚松弛因子设置，如图 10-12 所示。

3．设置收敛临界值

进行求解收敛残差值设置，如图 10-13 所示。

图 10-12　亚松弛因子设置

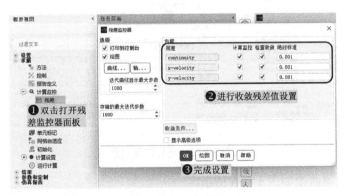

图 10-13　收敛残差值设置

　在设定的迭代次数内，只有当残差值小于设置值时才终止计算。

4. 设置流场初始化

进行流场初始化设置，如图 10-14 所示。

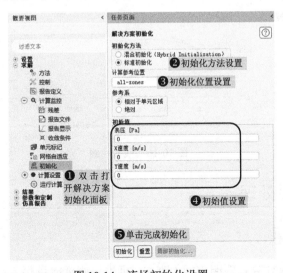

图 10-14　流场初始化设置

Note

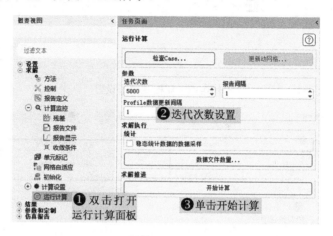

在开始迭代计算之前，用户必须给 Fluent 程序提供一个初始值，也就是把前面设定的边界条件的数值加载给 Fluent。

5. 迭代计算

进行运行计算设置，如图 10-15 所示。

图 10-15　运行计算设置

计算得到残差曲线如图 10-16 所示。

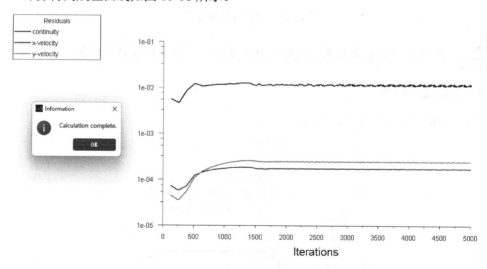

图 10-16　残差曲线

10.1.4　结果后处理

1. 质量流量报告

进行进出口流量计算，如图 10-17 所示，进出口质量流量相等，质量流量是守恒的。

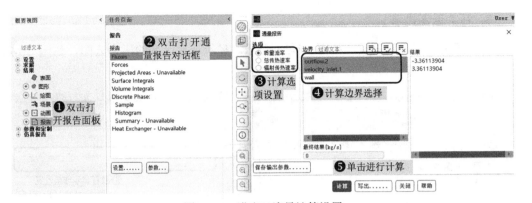

图 10-17　进出口流量计算设置

2. 速度云图显示

进行速度云图显示设置，如图 10-18 所示。显示计算区域的速度云图，如图 10-19 所示，由速度云图可看出，水流经过圆柱之后，开始发生脱离，形成了非对称的绕流漩涡对，这就是卡门涡街。

图 10-18　速度云图显示设置

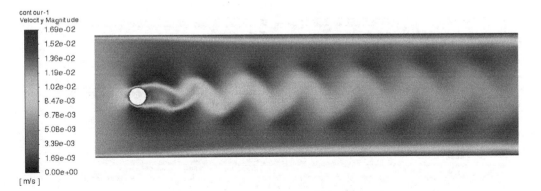

图 10-19　速度云图

3. 压力云图显示

进行压力云图显示设置，如图 10-20 所示。显示计算区域的压力云图，如图 10-21 所示。

图 10-20　压力云图显示设置

图 10-21　压力云图

4. 速度矢量云图

进行速度矢量云图显示设置，如图 10-22 所示。显示计算区域的速度矢量云图，如图 10-23 所示。

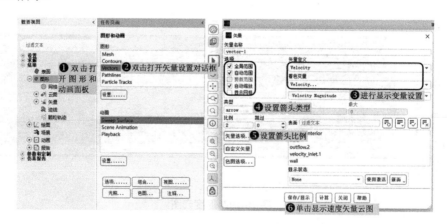

图 10-22　速度矢量云图显示设置

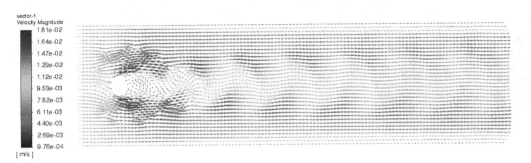

图 10-23　速度矢量云图

10.2　本章小结

　　本章通过圆柱绕流流体流动问题的算例，其中湍流模型涉及层流，对求解过程的设置以及结果后处理分析进行了详细说明。

　　通过本章的学习，读者可以掌握流体流动问题的建模、求解设置，以及结果后处理等相关知识。

第11章

显式动力学分析

显式动力学分析用的是动态显式算法原理，动态显式算法采用动力学方程的一些差分格式（如中心差分法、线性加速度法、Newmark 法和 Wilson 法等），该算法不用直接求解切线刚度，也不需要进行平衡迭代，计算速度较快，当时间步长足够小时，一般不存在收敛性问题。

动态显式算法需要的内存也比隐式算法要少，同时数值计算过程可以很容易进行并行计算，程序编制也相对简单。显式算法要求质量矩阵为对角矩阵，而且只有在单元级计算尽可能少时，速度优势才能发挥，因而往往采用减缩积分方法，但容易激发沙漏模式，影响应力和应变的计算精度。显式算法主要用于高速碰撞及冲压成型过程的仿真，其在这方面的应用效果已超过隐式算法。

学习目标

(1) 熟练掌握 ANSYS Workbench 几何结构模块进行外部几何模型导入的方法；

(2) 熟练掌握 ANSYS Workbench 显示动力学分析的方法及过程。

11.1 金属块冲击薄板的显式动力学分析

本节主要介绍 ANSYS Workbench 的显示动力学分析模块，计算薄板在冲击载荷作用下的连续动态过程。

11.1.1 问题描述

如图 11-1 所示的实体几何模型，立方体刚性质量块的边长为 20mm，材料为 IRON-ARMCO，方形薄板的边长为 200mm，厚度为 10mm，材料为显式材料 Steel 1006，当质量块以 280mm/s 的速度冲击方形薄板时，试分析薄板在冲击载荷作用下的连续动态过程。

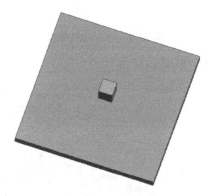

图 11-1 几何模型

11.1.2 建立分析项目

在 Workbench 平台内创建显示动力学分析项目，如图 11-2 所示。

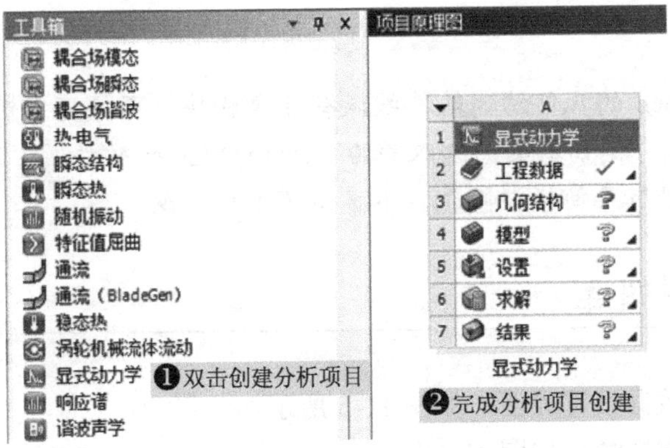

图 11-2 创建分析项目

11.1.3 导入几何模型

（1）导入几何模型，如图 11-3 所示。

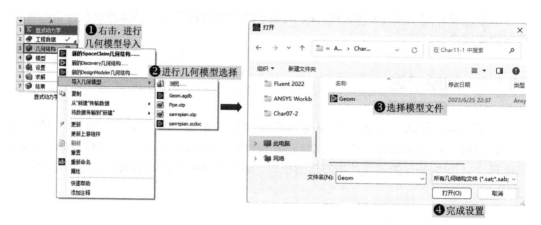

图 11-3 导入几何模型

（2）启动几何结构软件，如图 11-4 所示。

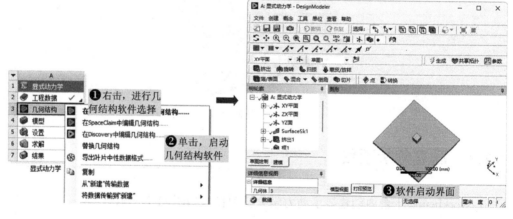

图 11-4 启动几何结构软件

Workbench 的几何结构软件默认有 3 个模块，用鼠标右键单击可以进行软件模块选择，例如本案例选取的为 DesignModeler 软件。在 DesignModeler 软件中可以进行几何模型修改，本案例不需要修改。

11.1.4 添加材料库

（1）打开工程数据设置界面，如图 11-5 所示。
（2）激活工程数据源，如图 11-6 所示。

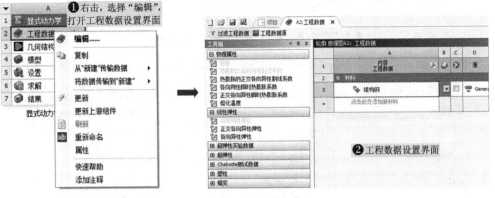

图 11-5　工程数据界面

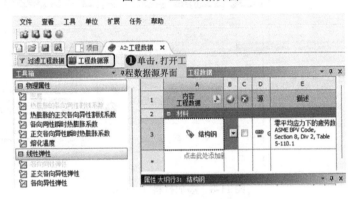

图 11-6　工程数据源界面

（3）添加"IRON-ARMCO"材料，如图 11-7 所示。

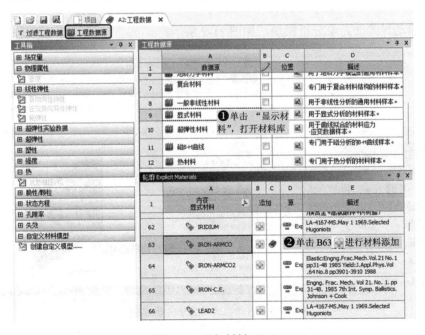

图 11-7　添加材料（一）

（4）添加"STEEL 1006"材料，如图 11-8 所示。

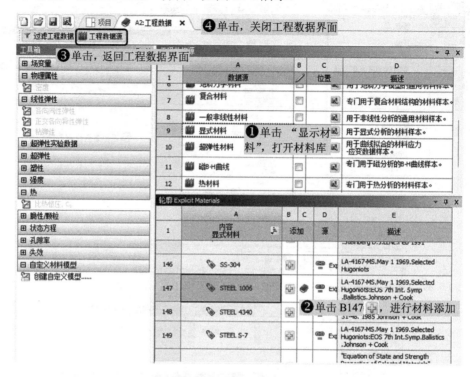

图 11-8　添加材料（二）

11.1.5　添加模型材料属性

（1）启动显式动力学分析模块，如图 11-9 所示。

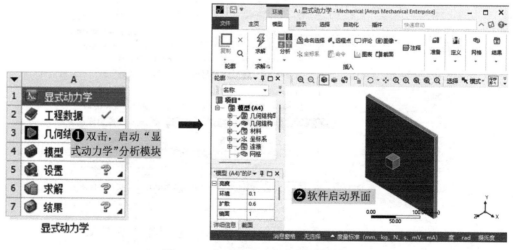

图 11-9　启动显式动力学分析模块

（2）进行第一个固体材料属性设置，如图 11-10 所示。

图 11-10　材料属性设置（一）

（3）进行第二个固体材料属性设置，如图 11-11 所示。

图 11-11　材料属性设置（二）

11.1.6　划分网格

进行网格尺寸划分设置，如图 11-12 所示。

图 11-12　网格尺寸划分设置

11.1.7　施加载荷与约束

（1）添加固定支撑约束，如图 11-13 所示。

图 11-13　添加固定支撑约束

（2）进行固定支撑约束参数设置，如图 11-14 所示。

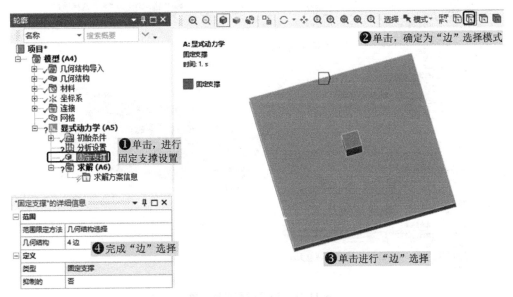

图 11-14　固定支撑约束参数设置

 上述操作界面为设置完成后的示意图，后续类似的均为设置后的截图。

（3）添加速度载荷，如图 11-15 所示。

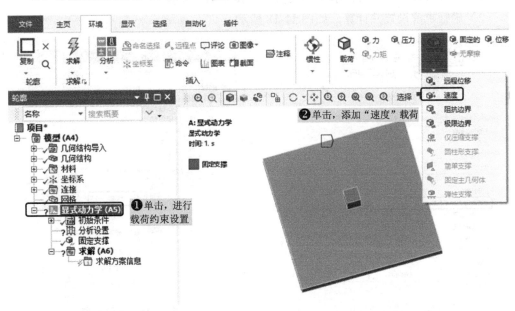

图 11-15　添加速度载荷

（4）进行速度载荷参数设置，如图 11-16 所示。

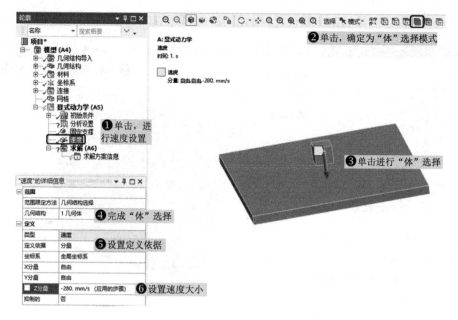

图 11-16　速度载荷参数设置

11.1.8　显示动力学求解参数设置

（1）在分析设置中进行求解选项设置，如图 11-17 所示。

（2）进行求解设置并计算，如图 11-18 所示。

图 11-17　求解选项设置

图 11-18　求解设置

11.1.9　结果后处理

（1）添加等效应力分析结果，如图 11-19 所示。

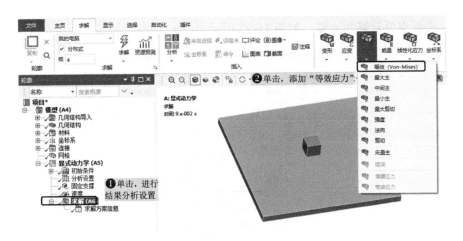

图 11-19　添加等效应力分析结果

（2）添加总变形分析结果，如图 11-20 所示。

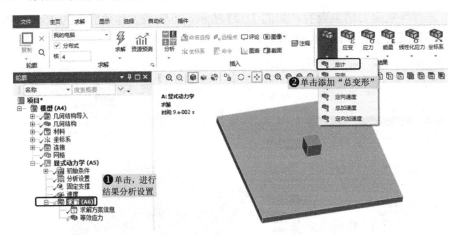

图 11-20　添加总变形分析结果

（3）添加等效弹性应变分析结果，如图 11-21 所示。

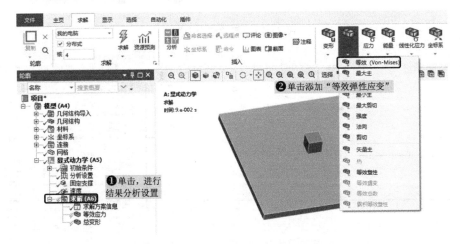

图 11-21　添加等效弹性应变分析结果

279

（4）进行求解设置并计算，如图 11-22 所示。

图 11-22　求解设置

（5）进行等效应力结果查看，如图 11-23 所示，可知最大等效应力为 466.9MPa。不同时刻的等效应力数据如图 11-24 所示。

图 11-23　等效应力云图

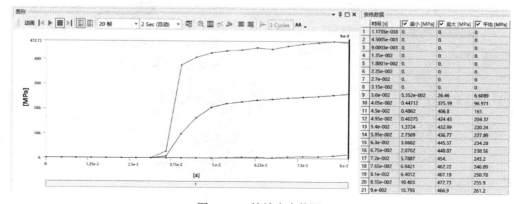

	时间 [s]	☑ 最小 [MPa]	☑ 最大 [MPa]	☑ 平均 [MPa]
1	1.1755e-038	0.	0.	0.
2	4.5005e-003	0.	0.	0.
3	9.0003e-003	0.	0.	0.
4	1.35e-002	0.	0.	0.
5	1.8001e-002	0.	0.	0.
6	2.25e-002	0.	0.	0.
7	2.7e-002	0.	0.	0.
8	3.15e-002	0.	0.	0.
9	3.6e-002	5.352e-002	26.46	6.6089
10	4.05e-002	0.44712	375.19	96.971
11	4.5e-002	0.4862	406.8	161.
12	4.95e-002	0.46375	424.43	204.37
13	5.4e-002	1.3724	432.99	220.24
14	5.85e-002	2.7569	436.77	227.89
15	6.3e-002	3.0682	445.37	234.28
16	6.75e-002	2.0762	440.87	238.56
17	7.2e-002	5.7887	454.	243.2
18	7.65e-002	6.8421	462.22	246.89
19	8.1e-002	6.4012	467.19	250.78
20	8.55e-002	10.403	472.73	255.9
21	9.e-002	15.795	466.9	261.2

图 11-24　等效应力数据

（6）进行总变形结果查看，如图 11-25 所示，可知最大总变形约为 25.3mm。不同时刻的总变形数据如图 11-26 所示。

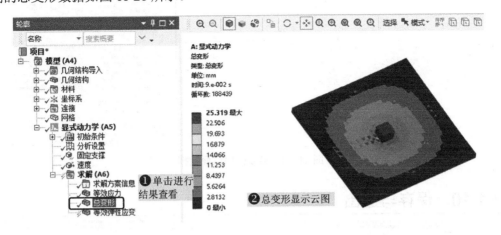

图 11-25　总变形云图

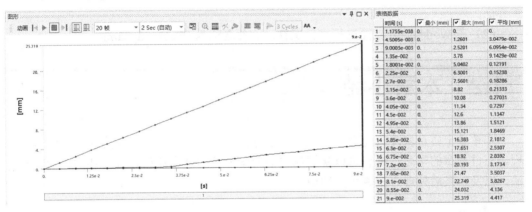

图 11-26　总变形数据

（7）进行等效弹性应变结果查看，如图 11-27 所示。不同时刻的等效弹性应变数据如图 11-28 所示。

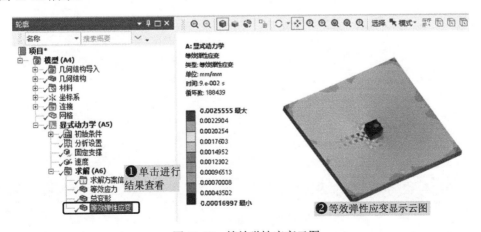

图 11-27　等效弹性应变云图

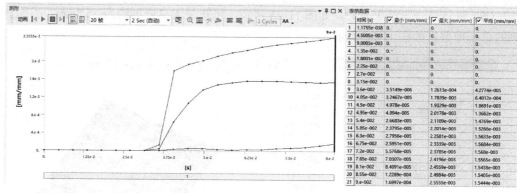

图 11-28　等效弹性应变数据

11.1.10　保存与退出

（1）单击 Mechanical 界面右上角的 "✕" 按钮，退出 Mechanical，返回到 Workbench 主界面。

（2）在 Workbench 界面进行文件保存，文件名称为 Explicit dynamic。

11.2　本章小结

本章基于质量块冲击薄板的显式动力学分析案例，讲解了显示动力学分析的基本流程。通过本章的学习，读者可以掌握显式动力学分析的基本流程、载荷和约束的加载方法，以及结果后处理方法等相关知识。

第12章

接触问题分析

接触问题是一种高度的非线性行为，通常两个独立表面之间相互接触并相切时，称之为接触。对接触问题进行分析时，需要较多的计算资源。接触的特点是属于状态变化的非线性，也就是说，系统刚度取决于接触的状态，即部件之间是接触或是分离。

从物理意义上讲，接触的表面具有以下特点：相互之间不会渗透（如图 12-1 所示），可传递法向压缩力和切向摩擦力，通常不传递法向拉伸力，相互之间可自由分离和互相移动。由于接触体之间是不相互渗透的，因此程序必须建立两表面间的相互关系以阻止分析中的互相穿透，这称为强制接触协调性。

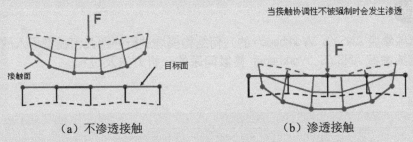

图 12-1 接触方式

在静态结构中，提供了 5 种不同的接触类型：绑定、无分离、无摩擦、摩擦的及粗糙，如图 12-2 所示。5 种接触类型的特点如表 12-1 所示。

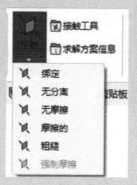

图 12-2　接触类型

表 12-1　不同接触类型的特点

接 触 类 型	迭 代 次 数	法 向 分 离	切 向 滑 移
绑定	一次	无间隙	不允许滑移
无分离	一次	无间隙	允许滑移
粗糙	多次	允许有间隙	允许滑移
无摩擦	多次	允许有间隙	不允许滑移
摩擦的	多次	允许有间隙	允许滑移

学习目标

（1）熟练掌握 ANSYS Workbench 的几何结构模块进行外部几何模型导入的方法；

（2）熟练掌握 ANSYS Workbench 接触问题的分析方法及过程。

12.1　轴承内外套的接触分析

本节主要介绍 ANSYS Workbench 的静态结构分析模块，对轴承内外套接触过程进行分析计算。

12.1.1　问题描述

图 12-3 所示为轴承内外套几何模型，轴承外套外半径为 30mm，内半径一端为 15mm，另一端为 20mm，轴承内套外半径的一端为 17mm，另一端为 12mm，内外套高度均为60mm。请用 ANSYS Workbench 分析当用 15N 的外力压入轴承内套后，试模拟轴承内外套的受力情况（接触摩擦系数为 0.3）。

图 12-3　几何模型

12.1.2　建立分析项目

在 Workbench 平台内创建静态结构分析项目，如图 12-4 所示。

图 12-4　创建分析项目

12.1.3 导入几何模型

（1）导入几何模型，如图 12-5 所示。

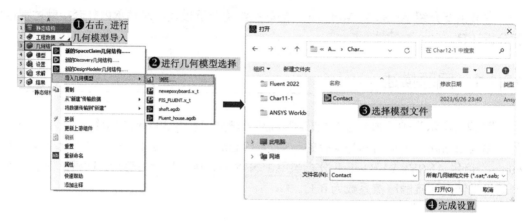

图 12-5　导入几何模型

（2）启动几何结构软件，如图 12-6 所示。

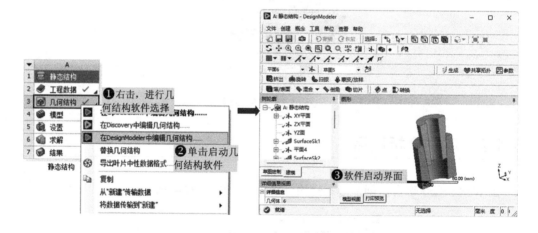

图 12-6　启动几何结构软件

提示

Workbench 的几何结构软件默认有 3 个模块，用鼠标右键单击可以进行软件模块选择，例如本案例选取的为 DesignModeler 软件。在 DesignModeler 软件中可以进行几何模型修改，本案例不需要修改。

12.1.4 添加材料库

（1）打开工程数据设置界面，如图 12-7 所示。

（2）激活工程数据源，如图 12-8 所示。

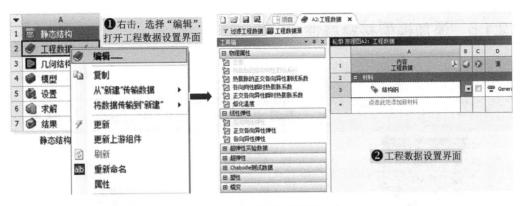

图 12-7　工程数据界面

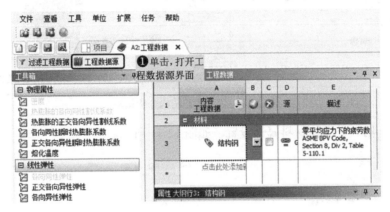

图 12-8　工程数据源界面

（3）添加"铝合金"材料，如图 12-9 所示。

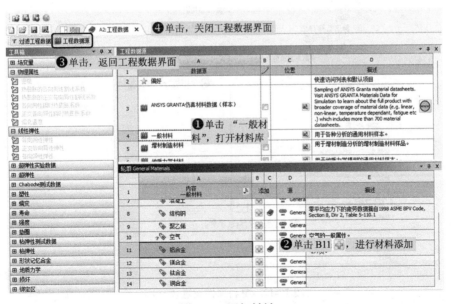

图 12-9　添加材料

12.1.5　添加模型材料属性

（1）启动静态结构分析模块，如图 12-10 所示。

图 12-10　启动静态结构分析模块

（2）进行第一个固体材料属性设置，如图 12-11 所示。

图 12-11　材料属性设置（一）

（3）进行第二个固体材料属性设置，如图 12-12 所示。

图 12-12　材料属性设置（二）

12.1.6　接触设置

（1）进行接触选项添加设置，如图 12-13 所示。

图 12-13　接触选项添加设置

（2）进行接触选项参数设置，如图 12-14 所示。

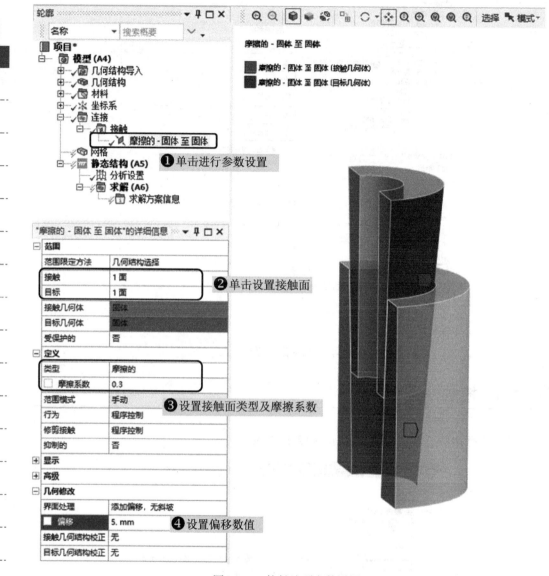

图 12-14　接触选项参数设置

12.1.7　划分网格

进行网格尺寸划分设置，如图 12-15 所示。

图 12-15　网格尺寸划分设置

12.1.8　施加载荷与约束

（1）添加固定支撑约束，如图 12-16 所示。

图 12-16　添加固定支撑约束

（2）进行固定支撑约束参数设置，如图 12-17 所示。

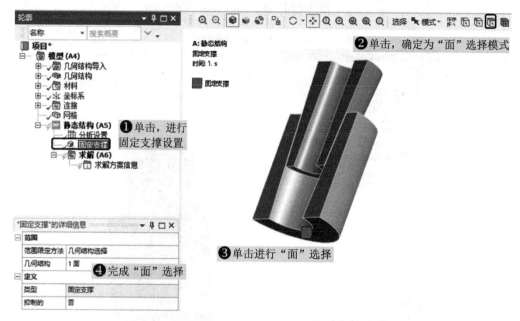

图 12-17　固定支撑参数设置

上述操作界面为设置完成后的示意图，后续类似的均为设置后的截图。

（3）添加无摩擦约束，如图 12-18 所示。

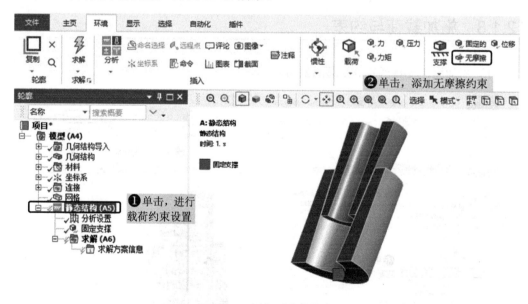

图 12-18　添加无摩擦约束

（4）进行无摩擦约束参数设置，如图 12-19 所示。

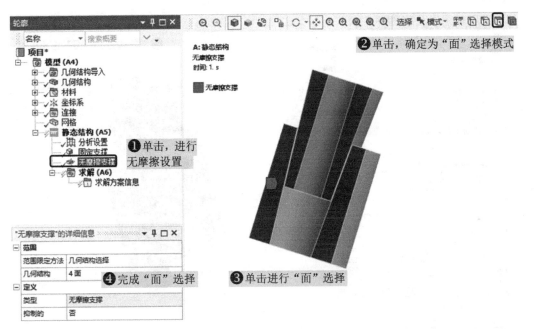

图 12-19　无摩擦约束参数设置

（5）添加力载荷，如图 12-20 所示。

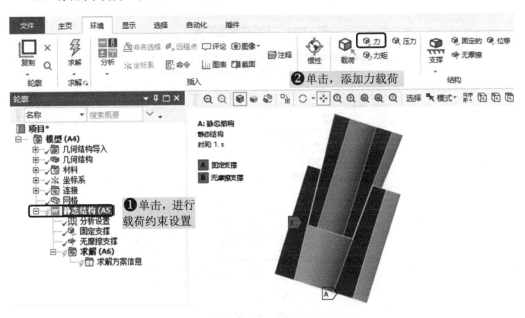

图 12-20　添加力载荷

（6）进行力载荷参数设置，如图 12-21 所示。

（7）进行求解设置并计算，如图 12-22 所示。

图 12-21　力载荷参数设置

图 12-22　求解设置

12.1.9　结果后处理

（1）添加等效应力分析结果，如图 12-23 所示。

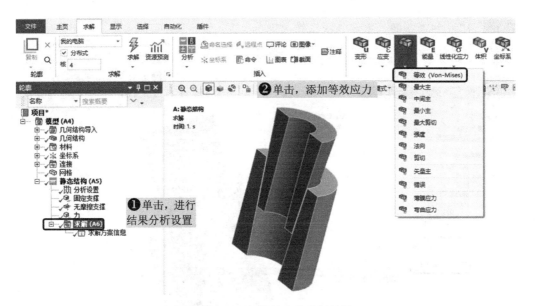

图 12-23 添加等效应力分析结果

（2）添加接触工具分析结果，如图 12-24 所示。

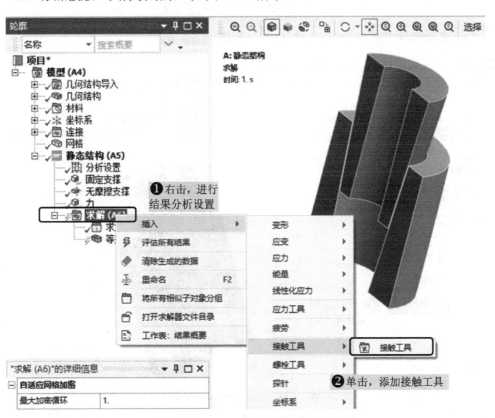

图 12-24 添加接触工具分析结果

（3）添加接触工具中的摩擦应力分析结果，如图 12-25 所示。

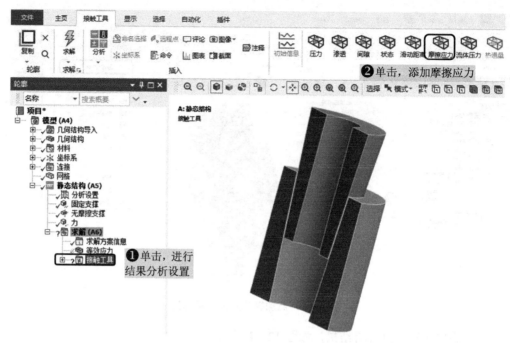

图 12-25　添加摩擦应力分析结果

（4）添加接触工具中的压力分析结果，如图 12-26 所示。

图 12-26　添加压力分析结果

（5）进行接触工具参数设置，如图 12-27 所示。

图 12-27　接触工具参数设置

（6）进行求解设置并计算，如图 12-28 所示。

图 12-28　求解设置

（7）进行等效应力结果查看，如图 12-29 所示，可知最大等效应力为 18361MPa。

（8）进行接触状态结果查看，如图 12-30 所示，可知接触状态为粘附。

（9）进行摩擦应力结果查看，如图 12-31 所示。

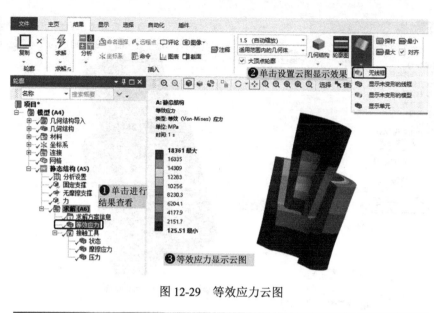

图 12-29　等效应力云图

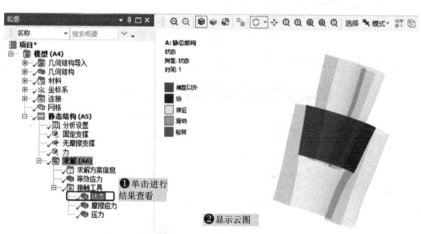

图 12-30　接触状态云图

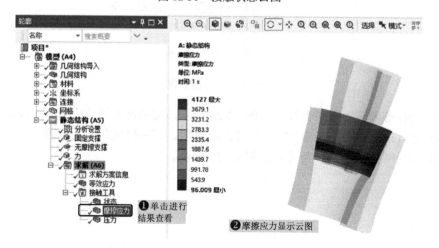

图 12-31　摩擦应力云图

（10）进行接触压力结果查看，如图 12-32 所示。

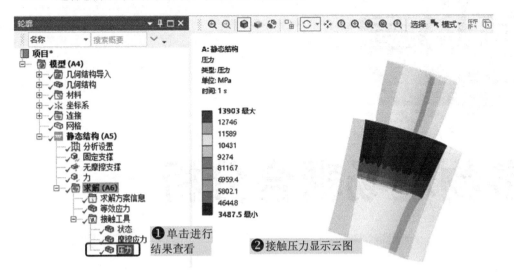

图 12-32　接触压力云图

12.1.10　保存与退出

（1）单击 Mechanical 界面右上角的"✕"按钮，退出 Mechanical，返回到 Workbench 主界面。

（2）在 Workbench 界面进行文件保存，文件名称为 Contact。

12.2　本章小结

本章基于轴承内外套的接触分析案例，讲解了分析接触问题的基本流程。通过本章的学习，读者可以掌握分析接触问题的流程、载荷和约束的加载方法，以及结果后处理方法等相关知识。

第13章

多物理场耦合分析

在自然界中存在 4 种场：位移场、电磁场、温度场、流场。这 4 种场之间是互相联系的，现实世界不存在纯粹的单场问题，遇到的所有物理场问题都是多物理场耦合的，只是受到硬件或者软件的限制，人为地将它们分成单场现象，再各自进行分析。有时这种分离是可以接受的，但对于许多问题，这样计算将会得到错误结果。因此，在条件允许时，应该进行多物理场耦合分析。

多物理场耦合分析是考虑两个或两个以上工程学科（物理场）间相互作用的分析，例如流体与结构的耦合分析（流固耦合）、电磁与结构耦合分析、电磁与热耦合分析、热与结构耦合分析、电磁与流体耦合分析、流体与声学耦合分析、结构与声学耦合分析（振动声学）等。

本章以流固耦合为例，流体流动的压力作用到结构上，结构产生变形，而结构的变形又影响了流体的流道，因此流固耦合是流体与结构相互作用的结果。

学习目标

(1) 通过实例掌握流动数值求解的方法；
(2) 掌握流动问题边界条件的设置方法；
(3) 掌握流动问题计算结果的后处理及分析方法；
(4) 掌握流动—静态结构流固耦合分析的方法及操作过程。

13.1　流体结构耦合分析

13.1.1　问题描述

本节主要介绍 ANSYS Workbench 流体分析模块 Fluent 的流体结构方法及求解过程，计算多通道管道的热流变形情况，案例几何模型如图 13-1 所示。

图 13-1　案例几何模型

13.1.2　Fluent 求解计算设置

1. 启动Fluent-2D

在 Workbench 平台内启动 Fluent，Fluent 的启动界面及设置如图 13-2 所示。

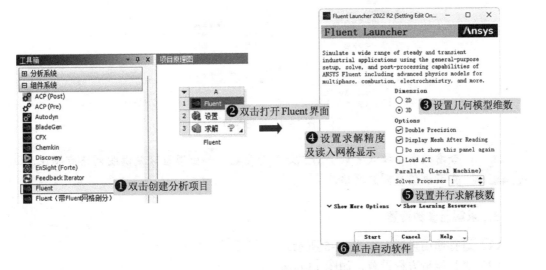

图 13-2　Fluent 的启动界面及设置

2. 读入并检查网格

（1）导入网格，如图 13-3 所示。

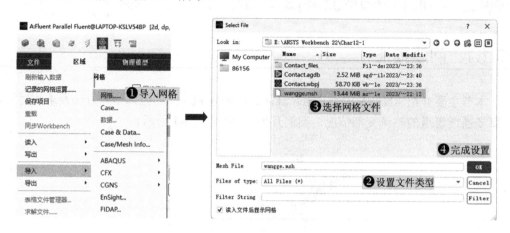

图 13-3　导入网格

（2）进行网格信息查看及网格质量检查，如图 13-4 所示。

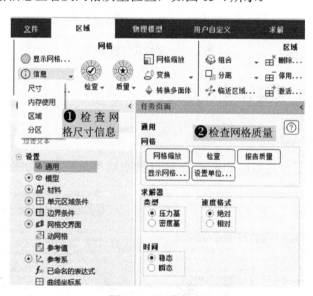

图 13-4　网格检查

提示：查看最小体积或者最小面积是否为负数，如出现负数就说明网格有错误，需重新调整并划分网格。

3. 求解器参数设置

（1）进行通用设置，如图 13-5 所示。

（2）进行能量方程设置，如图 13-6 所示。

（3）进行粘性模型设置，如图 13-7 所示。

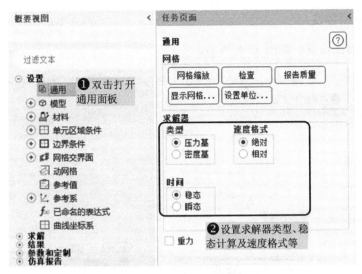

图 13-5　通用设置

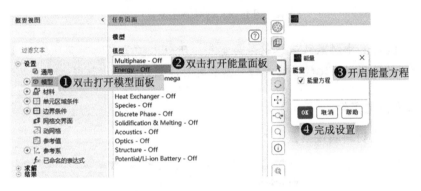

图 13-6　能量方程设置

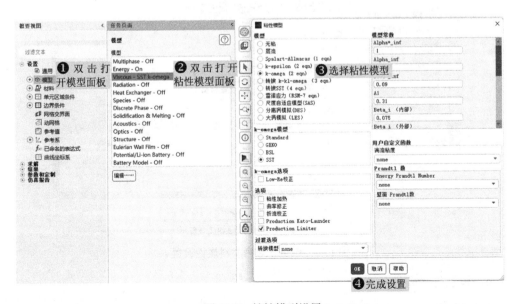

图 13-7　粘性模型设置

4. 定义材料物性

进行材料物性设置，如图 13-8 所示。

图 13-8　材料物性设置

提示　Fluent 中的默认流体材料为空气，所以本例需新增设置水物性参数。Fluent 数据库中有比较多的材料，需要时可以进行添加。

5. 设置区域条件

fluid 区域内材料属性设置，如图 13-9 所示。

图 13-9　fluid 区域内材料属性设置

6. 设置边界条件

（1）进行冷水入口边界条件设置，如图 13-10 所示。

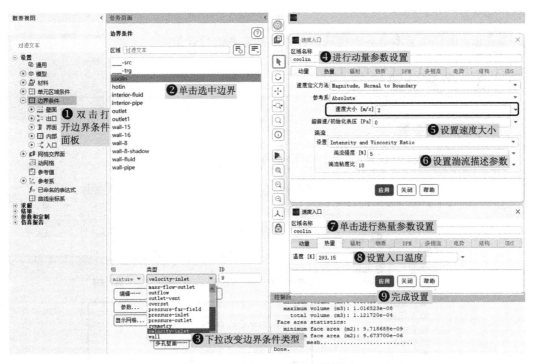

图 13-10　冷水入口边界条件设置

（2）进行热水入口边界条件设置，如图 13-11 所示。

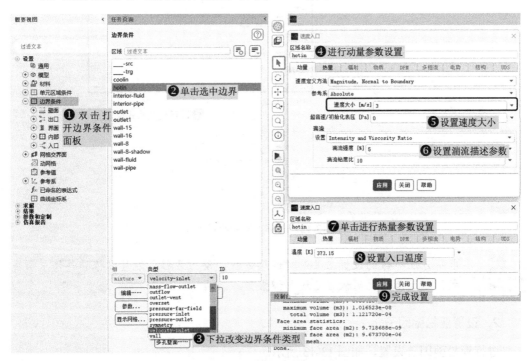

图 13-11　热水入口边界条件设置

出口及壁面边界保持默认即可，不需要进行设置。

13.1.3 求解计算设置

1. 求解控制参数

进行求解方法参数设置，如图 13-12 所示。

图 13-12　求解方法参数设置

求解方法参数的设置主要是对连续方程、动力方程、能量方程的具体求解方式，以及节点的离散方法进行设置。

2. 设置亚松弛因子

进行亚松弛因子设置，如图 13-13 所示。

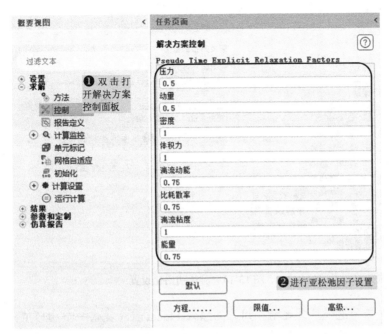

图 13-13　亚松弛因子设置

3．设置收敛临界值

进行求解收敛残差值设置，如图 13-14 所示。

图 13-14　收敛残差值设置

在设定的迭代次数内，只有当残差值小于设置值时才终止计算。

4．设置流场初始化

进行流场初始化设置，如图 13-15 所示。

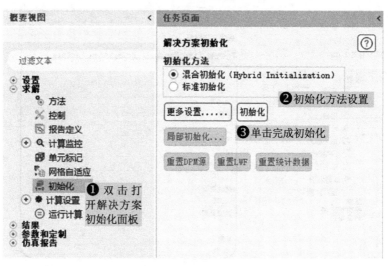

图 13-15　流场初始化设置

在开始迭代计算之前，用户必须给 Fluent 程序提供一个初始值，也就是把前面设定的边界条件的数值加载给 Fluent。

5. 迭代计算

进行运行计算设置，如图 13-16 所示。

图 13-16　运行计算设置

计算得到的残差曲线如图 13-17 所示。

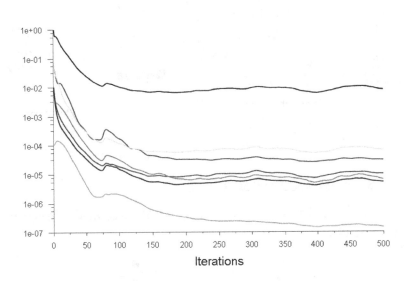

图 13-17　残差曲线

13.1.4　计算结果后处理

1. 质量流量报告

进行进出口流量计算设置，如图 13-18 所示，进出口质量流量相等，质量流量是守恒的。

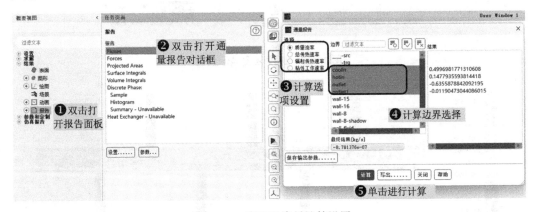

图 13-18　进出口流量计算设置

2. 创建分析截面

创建分析截面 z=0，如图 13-19 所示。

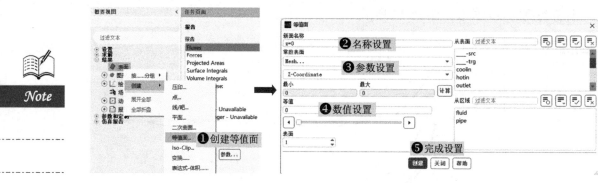

图 13-19 z=0 分析截面设置

3. z=0截面速度云图显示

进行 z=0 截面速度云图显示设置，如图 13-20 所示。显示计算区域的速度云图，如图 13-21 所示。

图 13-20 速度云图显示设置

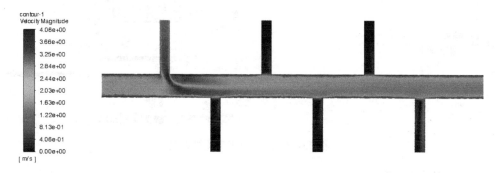

图 13-21 速度云图

4. z=0截面温度云图显示

进行 z=0 截面温度云图显示设置，如图 13-22 所示。显示计算区域的温度云图，如图 13-23 所示。

图 13-22 温度云图显示设置

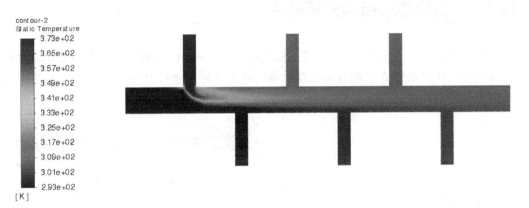

图 13-23 温度云图

5．z=0截面压力云图显示

进行 z=0 截面压力云图显示设置，如图 13-24 所示。显示计算区域的压力云图，如图 13-25 所示。

图 13-24 压力云图显示设置

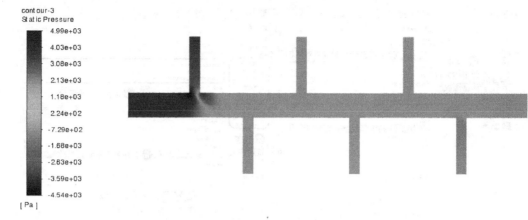

图 13-25 压力云图

13.1.5 创建静态结构分析项目

将工具箱中的"静态结构"直接拖曳到项目 A（Fluent 分析）的 A3 求解中，如图 13-26 所示。此时项目 A 的所有前处理数据已经全部导入项目 B 中，双击项目 B 中的 B5 "设置"即可直接进入 Mechanical 界面。

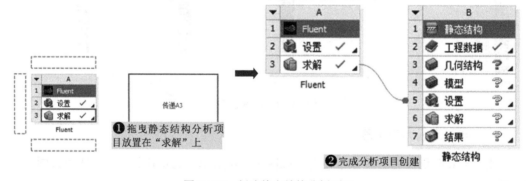

图 13-26 创建静态结构分析项目

13.1.6 导入几何模型

（1）导入几何模型，如图 13-27 所示。

（2）启动几何结构软件，如图 13-28 所示。

 Workbench 的几何结构软件默认有 3 个模块，用鼠标右键单击可以进行软件模块选择，例如本案例选取的为 DesignModeler 软件。

（3）在几何结构软件中进行几何模型导入，如图 13-29 所示。

图 13-27 导入几何模型

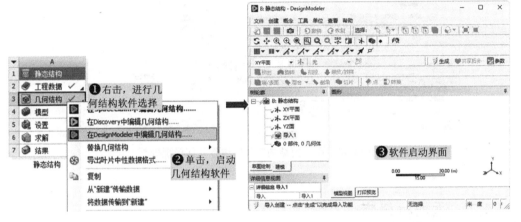

图 13-28 启动几何结构软件

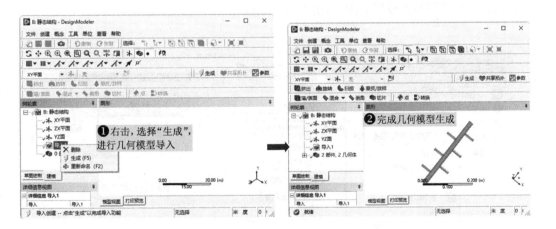

图 13-29 在几何结构软件中进行几何模型导入

（4）在几何结构软件中进行几何模型抑制，如图 13-30 所示。

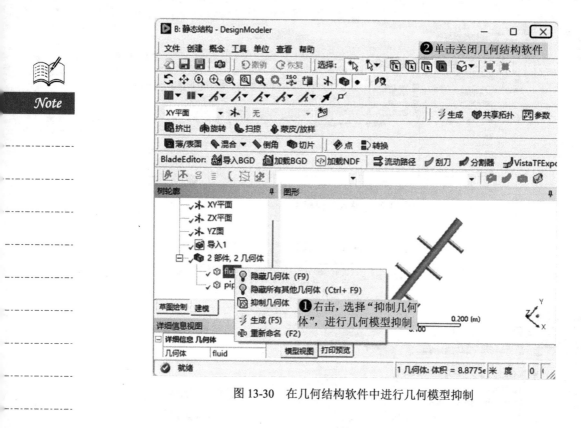

图 13-30　在几何结构软件中进行几何模型抑制

13.1.7　添加材料库

（1）打开工程数据设置界面，如图 13-31 所示。

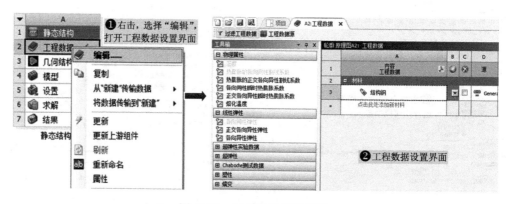

图 13-31　工程数据设置界面

（2）激活工程数据源，如图 13-32 所示。

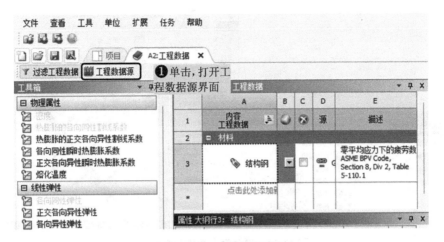

图 13-32 工程数据源界面

（3）添加"铝合金"材料，如图 13-33 所示。

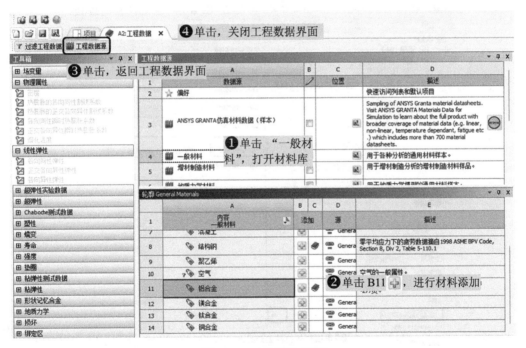

图 13-33 材料添加设置

13.1.8 添加模型材料属性

（1）启动静态结构分析模块，如图 13-34 所示。

图 13-34　启动静态结构分析模块

（2）进行材料属性设置，如图 13-35 所示。

图 13-35　材料属性设置

13.1.9　划分网格

进行网格尺寸划分设置，如图 13-36 所示。

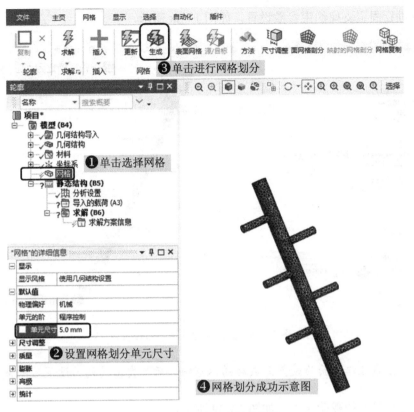

图 13-36　网格尺寸划分设置

13.1.10　施加载荷与约束

（1）添加固定支撑约束，如图 13-37 所示。

图 13-37　添加固定支撑约束

（2）进行固定支撑约束参数设置，如图 13-38 所示。

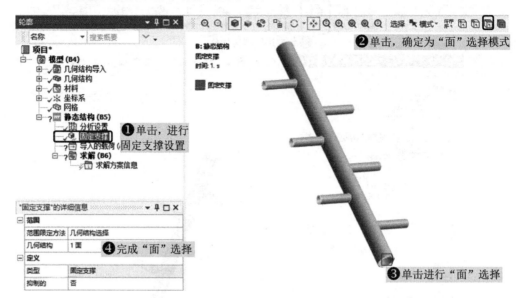

图 13-38　固定支撑约束参数设置

❌ **提 示**　上述操作界面为设置完成后的示意图，后续类似的均为设置后的截图。

（3）进行导入的载荷设置，如图 13-39 所示。

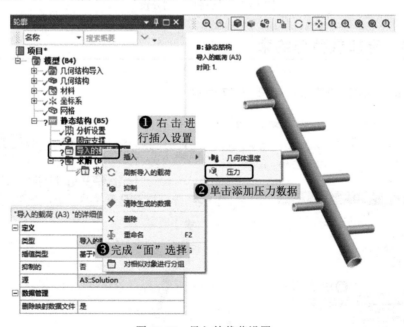

图 13-39　导入的载荷设置

（4）进行导入的载荷详细参数设置，如图 13-40 所示。

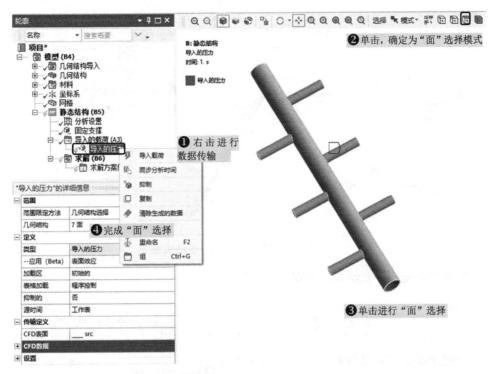

图 13-40　导入的载荷详细参数设置

（5）进行求解设置并计算，如图 13-41 所示。

图 13-41　求解设置

13.1.11　结果后处理

（1）添加等效应力分析结果，如图 13-42 所示。

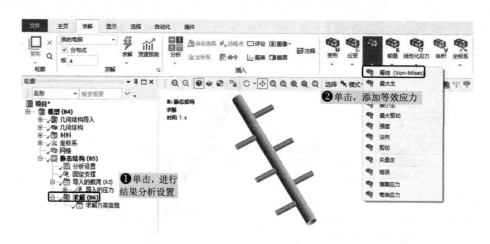

图 13-42　添加等效应力分析结果

（2）添加总变形分析结果，如图 13-43 所示。

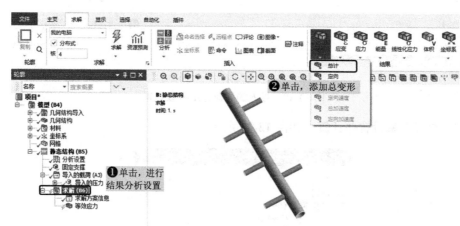

图 13-43　添加总变形分析结果

（3）添加等效弹性应变分析结果，如图 13-44 所示。

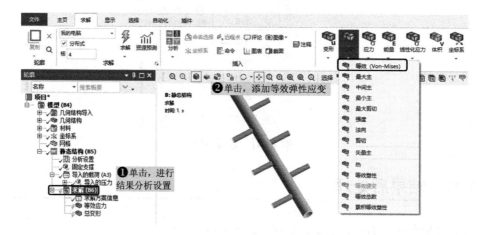

图 13-44　添加等效弹性应变分析结果

（4）进行求解设置并计算，如图 13-45 所示。

图 13-45　求解计算

（5）进行等效应力结果查看，如图 13-46 所示，可知最大等效应力约为 0.93MPa。

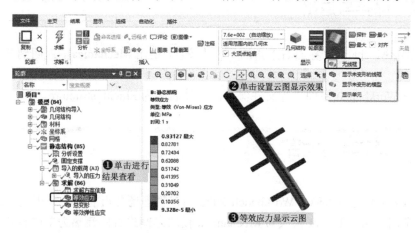

图 13-46　等效应力云图

（6）进行总变形结果查看，如图 13-47 所示，可知最大总变形约为 0.02mm。

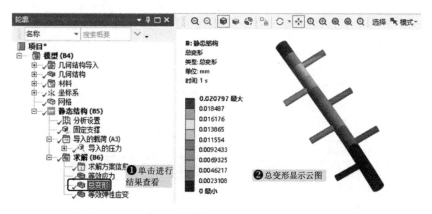

图 13-47　总变形云图

（7）进行等效弹性应变结果查看，如图 13-48 所示。

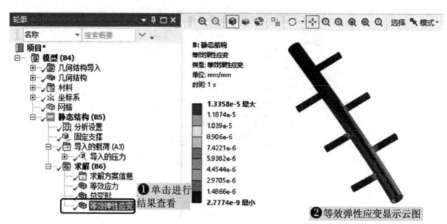

图 13-48　等效弹性应变云图

13.1.12　保存与退出

（1）单击 Mechanical 界面右上角的"✖"按钮，退出 Mechanical，返回到 Workbench 主界面。

（2）在 Workbench 界面进行文件保存，文件名称为 Fluent_structure。

13.2　本章小结

本章首先介绍了 ANSYS Workbench 2022 的多物理场分析能力与分析类型，然后通过简单的实例介绍了 Fluent 模块与 Mechanical 模块之间进行的流热力单向耦合分析。